科普中国
CHINA SCIENCE COMMUNICATION

◎ 科普中国创作出版扶持计划

巨目观天

FIVE-HUNDRED-METER
APERTURE SPHERICAL RADIO
TELESCOPE

FAST

中国天眼的故事

◎ 姜鹏　张燕波 → 著

中国青年出版社

本书编委会名单

主　任：姜　鹏

副主任：范体宇　王　剑

编委会成员（按姓氏笔画排序）：

甘恒谦　代　娜　孙京海　朱　明
朱博勤　李　辉　李庆伟　张京燕
张春英　赵保庆　钱　磊　彭　岩
潘高峰

目录
CONTENTS

巨目
FAST
观天

中国天眼的故事

巨目
FAST
观天

————中国天眼的故事

前　言

　　"不要回答！不要回答！！不要回答！！！"

　　这句话出自中国科幻小说作家刘慈欣的代表作《三体》，人类天文学家收到的善意警告来自距离地球 4 光年的三体人。从短促有力、多次重复的词语和惊叹号，我们不难读出那种对未知文明的好奇与恐惧。这种矛盾心理不仅属于小说中的人物，也是全人类的共情。对未知领域的好奇与恐惧都是人类的本能，而纵观历史进程，好奇总能战胜恐惧。依靠一代代人的智慧和勇气，人类文明得以从茹毛饮血、刀耕火种一步步发展到今天的模样。

　　作为生活在地表的人类，我们探索陆地，发现了新的家园；我们征服海洋，认识了世界全貌；我们仰望星空，却是那么遥不可及。自远古人类抬头望天到 17 世纪初，人类在数万年的时间长河里只能依靠裸眼去探索这片神秘的天空，并用神话、宗教和猜想去解释日月星辰的奇异运动。从伽利略将望远镜筒对准月球，到哈勃空间望远镜被发射到太空，光学望远镜将人类目力所及的范围递进延伸。人类通过天文观测更加清晰地认识地球所处的宇宙环境和天体运行的规律，还由此引发了物理学革命。20 世纪 30 年代，人类偶然打开了观测宇宙的新窗口——射电波段，从此突破了可见光这个狭窄的观测领域，使得天文学发展再次飞跃。星辰大海的神秘面纱被人类揭开。

　　射电天文学诞生 80 多年后，2016 年 9 月 25 日，在中国贵州省黔南布依族苗族自治州平塘县克度镇金科村的一个窝凼里，500 米口径球面射电望远镜（Five-hundred-meter Aperture Spherical radio Telescope，简称 FAST）落成。"中国天眼"，傲立深山！人类天文学发展史上浓墨重彩的一笔，由中国人书写。世界口径最大、灵敏度最高的单口径射电望远镜，500 米口径反射面，300 米口径瞬时抛物面，历时 22 年，上百个合作单位，数百位科技工作者，数千名建设者，迄今已发现 740 颗脉冲星——这些沉甸甸的数字背后，彰显着中国科技人的智慧与勇气、坚韧与执着、胸怀与远见、敬业与爱国。

本书将回答 FAST 如何从构想、蓝图、立项、预研究、建设到调试、运行一路走来，以及"为什么做、能做什么、怎么做、做了什么"等一系列问题，并配合 1 ： 1250 动态仿真模型将常规科普介绍升级为可视化、可操作、易理解、有趣味的多维度体验，把国之重器的来龙去脉和国之栋梁的心血历程讲述给国之未来的你们。

第一章 苍穹·古今

◎ 天问·天球

日月安属？列星安陈？（屈原《天问》）

规毁魄渊，太虚是属。棋布万荧，咸是焉托。（柳宗元《天对》）

这是两位中国伟大诗人跨越千年时空的问答。战国时期屈原大夫指天发问："日月从属于何物？群星置于何物之上？"唐代文学家柳宗元隔空对曰："日月与群星都依托于天空。"今日的我们恐怕难以对这个答案表示满意，但即便我们学习过基础自然科学知识，具备了现代宇宙观，也肯定在生命的某个时刻仰望过星空，提出过和古人同样朴素的疑问。

> **大脑充电站：《天问》**
>
> 战国时期屈原大夫被放逐后创作的长诗。全诗 370 多句，提出了 170 多个问题，展现出诗人对天地、自然、人世的种种事物和现象的疑问。诗中有 30 问涉及天文学现象，体现了中国古代知识分子对天文学的热衷、丰富而奇绝的想象力、朴素的宇宙观，在文学、历史、社会、自然科学领域均有巨大研究价值，被誉为"千古万古至奇之作"。

日有朝升暮落，月有阴晴圆缺，星有明明灭灭，它们的运行轨迹有些按部就班、有些飘忽不定，这些现象都是谁的安排？不同时代、地域、种族的人类给出了五花八门的解释。

古代中国人、巴比伦人、埃及人在天文学观测方面都展开了丰富的探索，但在宇宙模型方面，古希腊人依靠数学，尤其是几何学上的天赋，做出了更切实的贡献。公元前 6 世纪，阿那克西曼德首先提出了"天球"概念，创立了球面天文学。毕达哥拉斯学派根据地面上的观察（船只在海平面上远离时，船身先于船帆消失在视线里）提出地球是个球体的观点，后经亚里士多德通过月食现象予以证明。天球－地球构成的"两球宇宙模型"奠定了希腊天文学乃至人类天文学的基础。

大脑充电站：天球

古希腊人的宇宙模型中想象的一个以地球为球心的球面，天体在球面上运行。后世天文学家将其虚拟为一个与地球同球心，有相同的自转轴，半径无限大的球体。天体的位置信息可以视为在天球面上的投影。地球的赤道和地理极点投射到天球上，称为天球赤道和天极。

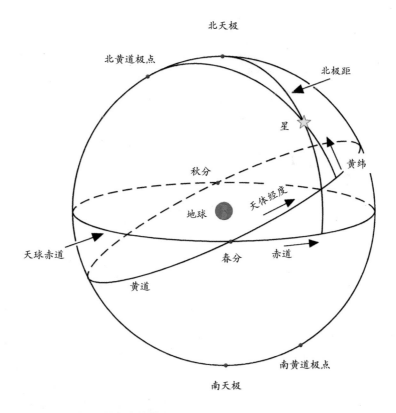

北天极

北黄道极点

北极距

星

黄纬

秋分

地球

天体经度

天球赤道

赤道

春分

黄道

南黄道极点

南天极

· 天球示意图 ·

第一章　苍穹·古今

古希腊天文学的重要概念除了球体，还有匀速圆周运动。柏拉图认为天体运动都遵循几何上完美的圆周运动，但这让哲学家满意的理论与实际天文观测并不相符。柏拉图的后继者们分别提出了各种不同的同心球壳构建的宇宙模型，将太阳、月亮、五大行星（水、金、火、木、土）以及众多恒星安置其中，但无论是欧多克斯的同心嵌套模型、亚里士多德多达56个同心球壳的模型，还是阿波罗尼乌斯和喜帕恰斯先后创建、改进的"本轮—均轮—偏心圆"体系，都无法准确描述行星的不规则运动轨迹。

直到公元2世纪，托勒密集前人之大成，在"本轮—均轮—偏心圆"的基础上增加了"偏心匀速点"的概念，一定程度上准确地描述了部分天体的运动规律，从而使"地心说"成为当时相对自洽的宇宙模型。虽然"地心说"的宇宙模型由多达数十个球壳组成，阐述的地球静止不动、天体的匀速圆周运动都与事实相悖，但以当时的认知水平和技术手段来看，已经是人类最接近真实直观体验的解释。

然而，在接下来漫长的中世纪，古希腊的天文学并没有在欧洲继续发展，反而遭到摒弃和压制，其学说和著述流传至阿

· 描述古希腊宇宙同心球壳模型的雕版画（安德烈亚斯·塞拉里乌斯，1660年）·

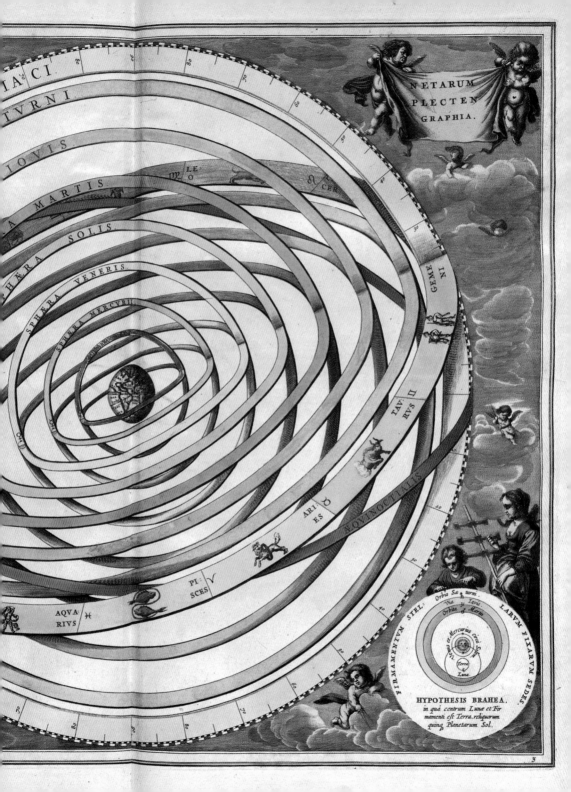

NETARUM PLECTEN GRAPHIA.

IA:CI

TVRNI.

IOVIS.

ΦΑ MARTIS

ΦΗΑΒΑ SOLIS.

ΦΗΑΒΑ VENERIS

SPHERA MERCVRII

LEO

CER

♌

GEME NI

TAV: RVS Ⅱ

ÆQVINOCTIALIS

ARI ES ♉

PI: SCES ♈

AQVA: RIVS ♓

FIRMAMENTVM STEL. LARVM FIXARVM SEDES

HYPOTHESIS BRAHEA.
in quâ centrum Lunae et Fir
mamenti est Terra, reliquorum
quinq, Planetarum Sol.

3

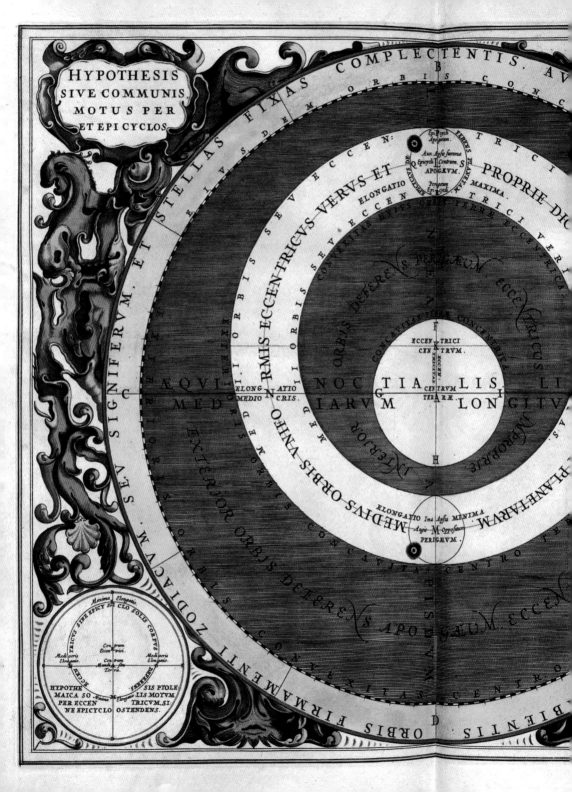

拉伯世界。14世纪，文艺复兴运动兴起于意大利，古希腊学术典籍被带回西欧世界，影响了整个学术界的思想，也改变了一个在此求学的波兰年轻学子——尼古拉·哥白尼。原本攻读医学和神学的哥白尼在博洛尼亚大学天文学教授的影响下开始对天文学产生极大的兴趣，对古希腊天文学著作详加钻研。对托勒密体系并不满意的他，惊喜地发现公元前3世纪的阿里斯塔克就提出过以太阳为中心的构想，于是着手构建自己的宇宙模型体系。通过毕生的观测和钻研，哥白尼的《天球运行论》终于在他离世前夕的1453年得以问世。该书中阐述了他的"日心说"：太阳居于宇宙中心，五大行星和地球围绕太阳转动，月球围绕地球转动，恒星天位于最外层静止不动。"日心说"继承了前人的球体匀速圆周运动、本轮—均轮—偏心圆系统，将80多个球壳减至34个，解释了行星逆行等现象，但是其复杂程度和与观测的契合度并没有根本性的进步。哥白尼体系的划时代贡献在于它撼动了千年来"地心说"的根基，并为后世近代科学革命这一宏大乐章奏响了第一个音符。可是在15世纪，哥白尼的颠覆学说遭到了天

· 托勒密"地心说"宇宙模型雕版画
（《寰宇秩序》）·

文学界和宗教界的共同反对，天文学家们只把"日心说"当作一个方便计算的数学模型而不是事实，宗教人士则将其视为异端邪说，加以抵制。

"地心说"和"日心说"未分伯仲时，丹麦天文学家第谷·布拉赫提出了一个折中的混合体系。他是一个有天赋又勤勉的天文观测家，在皇家天文台坚持工作20年，留下了大量准确的天象观测记录。他既欣赏哥白尼体系在数学上的优势，又不愿意放弃"地心说"，于是提出"太阳、月亮及恒星绕地球运行，五颗行星绕太阳运行"的宇宙模型。第谷构建的体系注定没有说服力，但他给世人留下了公认的两大贡献：其一是他的观测促成了欧洲历法改革，将沿用千年的儒略历更换为格里高利历（即公历）；其二是他挑选了一位得力助手——约翰内斯·开普勒。

古人在天文观测和宇宙模型方面的认知过程是渐进的，也是漫长而曲折的。在真正意义上的近代天文学诞生之前，天文学和星相学、神话、宗教、巫术共享着对宇宙的解释权，这是认知水平和技术手段所限。而技术手段的更新迭代往往是促进认知革命的重要因素。人类发明车轮、驯化牲畜得以探索陆地，发明船只得以深入

PLANISPHÆRIVM
Sive
VNIVERSI TO:
EX HYPO·
COPERNI
PLANO

· 哥白尼日心说体系雕版画（《寰宇秩序》）·

COPERNICANVM
Systema
TIVS CREATI
THESI
CANA IN
EXHIBITVM.

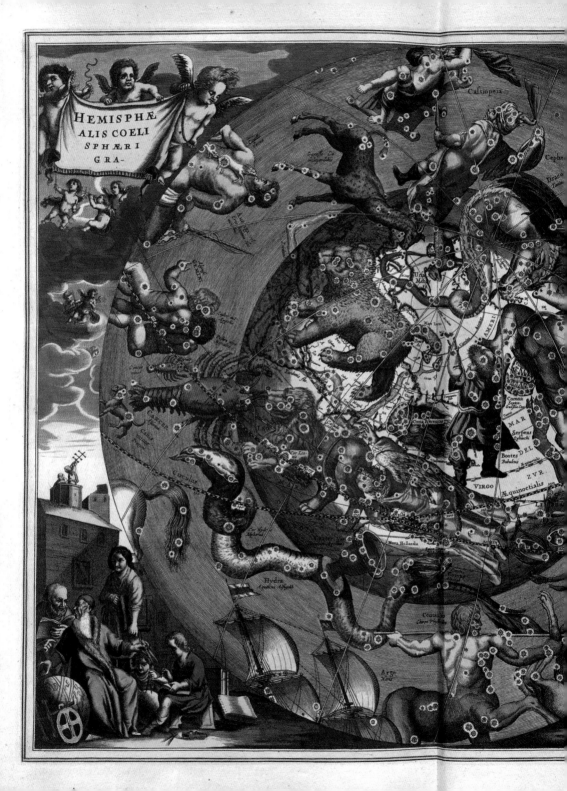

HEMISPHÆ
ALIS COELI
SPHÆRI
GRA-

Calsiopeia

Cephe

Drace

Ursa
Maior

Coma Berenices

Corona
Septen
Gnostica Coe

MAR

Serpens
Ophiuch

Bootes DEL

VIRGO

Æquinoctialis

ZVR

Nova Hollandia

Hydra
Aquatici aspectu

Centauri
Chiron Physici

Ars
Nova

大洋，但在探索触不可及的天空时却无能为力。从古埃及金字塔到古欧洲巨石阵，从中国上古的日晷到汉代浑天仪，不同种族的人类在不同的文明阶段为了解释宇宙、利用天象发明了各种各样的天文观测仪器。虽然目的不同、手段各异，但所有人类都只能依赖唯一的观测工具——裸眼。

◎ 眼镜匠·数学家

在爱因斯坦的幼年启蒙读物《物理科学通俗读本》中，作者伯恩斯坦开篇即提出这样的问题："如果人类诞生时没有眼睛，那么我们感知的世界将是什么模样？"毫无疑问，在人类感知世界的五种手段（视觉、听觉、嗅觉、味觉、触觉）中，视觉是最重要的。没有视觉的人类不可能真切地认识、理解、适应、利用我们身处的环境，不仅浑然不知而且寸步难行。

人眼是一个精密的光学仪器，可以根据光线强弱调节瞳孔大小，根据目标物的距离调整晶状体的形状得到合适的屈光度，将物体发出或反射的光线聚焦于视网膜上，形成倒立缩小的实像，再由视觉神经感知传递给大脑，最后被大

· 北天球星图雕版画，透过天球可以看到地球
（《寰宇秩序》）·

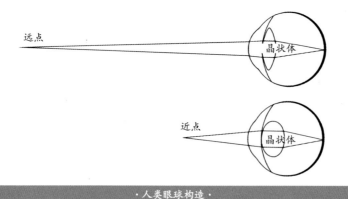

脑矫正后获取图像。其中晶状体相当于一个变焦凸透镜，视网膜相当于投影屏。遗憾的是，吝啬的大自然给人类视觉系统预留了很多限定条件：空间分辨能力（即我们常说的视力）是很有限的，视觉范围也是有限的；只有三种视锥细胞，对色彩感知也很有限；对光线强度感知同样有限。相比之下，很多动物要比人类看得更清晰、能够识别更丰富的色彩。

> **大脑充电站：人眼视力**
>
> 　　指视网膜分辨影像的能力。在视网膜功能良好的前提下，视力的好坏由视网膜分辨影像能力的大小来决定。分辨力的大小用分辨角（即视角）来表示。视力正常的人在中等亮度、中等对比度、目标物静止的情况下，能分辨的最小视角约为 1 ～ 1.5 角分（1 度 = 60 角分）。

　　既然人眼是一个光学仪器，那么我们视觉成像的重要条件当然是光。普通人会把视力和距离关联，通常用能看多"远"来形容。理论上只要物体发出或反射的光线能被眼球接收，人就可以看到影像。只是由于个体差异及眼球结构限制，

远点

晶状体

近点

晶状体

· 人类眼球构造 ·

无法分辨影像传递给大脑，所以应该说人类能看多"清"而不是多"远"。因此人类裸眼可以观测到距离地球 220 万光年的仙女座大星云，而观测不到太阳系内距离地球仅 40 个天文单位（约合 0.0006 光年）的冥王星。在裸眼观测时代，人类在太阳系范围内只发现了除地球以外的 5 颗行星。

长久以来，人类都没有能力去突破裸眼的局限，直到一些偶然事件的发生。正如无法确认哪一个人发现了保存火种的方法或发明了车轮、马镫一样，我们已无从考证是谁发明了眼镜。古人很早就留意到一些光学现象，比如树叶上的露珠可以放大叶脉的图像，某些透明宝石可以让视觉更清晰。但直至 13 世纪，意大利人才用水晶和石英制造出半球形、有放大效果的"阅读石"，随后用玻璃制成最初的眼镜。而下一个偶然事件，人类又等了 400 年。

1608 年，尼德兰泽兰省（今荷兰）的眼镜制造商汉斯·立普希在测试镜片时，偶然发现把一枚凹透镜和一枚凸透镜以特定的距离和角度摆放，可以看到远处建筑顶端的旗帜如同近在眼前，他由此发明了第一台望远镜。次年，获悉此事的意大利帕多瓦大学数学教授伽利略·伽利雷以过人的数理知识和动手能力，亲手改造出性能更优异的放大 30 倍的折射望远镜，并在 1609 年秋冬之际的某个夜晚，将镜筒对准了月亮。

伽利略不是第一个发明望远镜的人，也绝对不是第一个将望远镜对准天空的人，但只有他利用新的光学仪器做出了伟大发现。在 1610 年出版的《星际信使》中，他用手绘图描述了前人不曾看清的太空景象：月球布满了崎岖不平的环形山；金星的盈亏现象；土星的美丽光环；木星有 4 个小跟班（木星卫星中最大的 4 个）；太阳黑子等现象。

在制作望远镜之前，伽利略

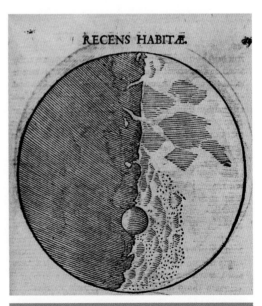

· 《星际信使》中的手绘月球表面图 ·

TVBVM OPTICVM VIDES GALILAEI INVENTVM, ET OPVS, QVO SOLIS MACVLAS ET EXTIMOS LVNAE MONTES, ET IOVIS SATELLITES, ET NOVAM QVASI RERVM VNIVERSITATE PRIMVS DISPEXIT A. MDCIX.

· 伽利略折射式望远镜 ·

首先是个天才数学家。他在物理学尤其是运动学上的研究给世人留下了几项著名的实验记录：摆的等时性、自由落体、斜坡滚球等。他将数学与物理、理论与实验结合起来的研究方法，被视作近代科学革命产生的两大条件，因此伽利略被称作"近代物理学之父"。基于观测结果，伽利略发现很多与传统的"地心说"理论相悖之处，进而开始支持哥白尼的"日心说"，寻求用自己的运动理论来解释天体现象。但大多数顽固的天文学家表现出对新发明的抗拒和嘲笑，拒绝使用望远镜观测天空。而公开支持伽利略的是一位勇敢的德国天文学家开普勒。

在追随第谷之前，开普勒是一位数学和天文学教师，因为痴迷数学的美妙优雅，一直是哥白尼体系的信奉者，曾用5个正多面体的外接和内切球体构建了自以为完美的宇宙模型。但在接触到第谷留下的详细观测记录后，开普勒认识到自己的谬误，转而潜心钻研数据。通过对火星运行数据的多年研究，他终于认识到行星运动轨道是椭圆轨道，进而发展出三大行星运动定律。

行星运行的真正方式既不是正圆轨道，也不是匀速运动。古希腊人崇尚的完美圆形连同几十个本轮—均轮

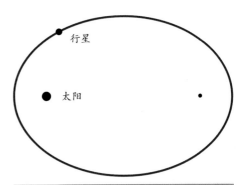

· 开普勒第一定律，每一行星沿各自的椭圆轨道环绕太阳，而太阳则处在椭圆的一个焦点上。

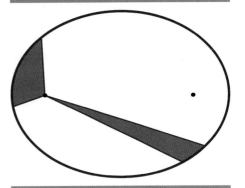

· 开普勒第二定律，行星和太阳的连线在相等的时间间隔内扫过的面积相等。

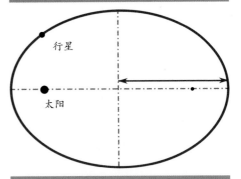

· 开普勒第三定律，绕同一中心天体的所有行星的轨道的半长轴的三次方跟它的公转周期的二次方的比值都相等。

的球壳一起被打碎，"地心说"作古，"太阳系"的概念逐渐被确立。望远镜的发明使人类终于突破了裸眼的局限，得以将我们星球所处的宇宙环境看得更清晰，拉开了近代天文学的序幕。"日心说"的确立充满了坎坷和血泪：哥白尼屡遭教会迫害，其著作《天球运行论》甫一出版他就撒手人寰；以推广"日心说"作为罪责之一，哥白尼的拥护者乔尔丹诺·布鲁诺于罗马鲜花广场被宗教裁判所施以火刑；"天空的哥伦布"伽利略通过观测和论证支持了"日心说"，却被宗教法庭判处终身监禁，郁郁而终；"天空的立法者"开普勒不仅支持了"日心说"，还大胆抛弃了前人和自己都曾视为无比完美的"匀速圆周运动"，揭示了行星椭圆形的运行轨道和三大运动定律，最终却在贫病交加中黯然离世。他们的理论都存在不同程度的缺憾，但每个人都为"日心说"的创立做出了重要贡献，也为另一位天才的横空出世铺平了道路。

　　站在巨人们的肩膀上，英国人艾萨克·牛顿一举在数学、天文学、力学、光学领域做出了微积分、万有引力定律、三大运动定律、色彩理论等一系列伟大发现，前所未有地将天体运动和地表物体运动统括在一起，将前人不够完善的"日心说"整合成理论和观测完美契合的宇宙体系，引发了一次空前的科学革命，和当时的科学才俊们一起建立了近代物理学大厦。经过他的巧思与巧手，折射望远镜升级为反射式望远镜，解决了伽利略望远镜的球面像差和色差问题，使天文观测更加得心应手。

　　随后的 200 年中，自然科学冲上了高速路，数学、物理学、化学、生物学等各领域均有大幅进展，天文学发展更是借助于望远镜而日新月异。光学望远镜不断迭代，更大、更薄、更精致的物镜不断面世，新发现层出不穷，我们所处的太阳系的形貌越来越清晰。1781 年 3 月 13 日，英国天文学家威廉·赫歇尔于自家庭院中用自己设计的大型反射式望远镜观测到太阳系第七颗行星——天王星。1846 年，法国天文学教师奥本·勒维耶根据牛顿的引力理论，用数学方法推断出一颗新行星的存在，于同年被观测证实。太阳系第八颗行星被命名为海王星。

　　20 世纪 20 年代，光学望远镜再立新功。爱德文·哈勃使用 2.54 米的胡克（反射）望远镜观测仙女座大星云和三角座星云，根据照片分析这些星系远在银河系以外，"河外星系"的概念和"星系天文学"由此诞生。随后，他通过观测更多的星系，发现了"红移现象"得以确定"星系退行"，提出了宇宙膨胀假说。20 年后的物理学家乔治·伽莫夫根据阐述红移与距离的哈勃定律提出了大爆炸宇宙论。现代宇宙学诞生，科学家根据大爆炸宇宙论推算出宇宙的年龄大约为 137 亿年。

大脑充电站：红移与大爆炸宇宙论

红移指物体的电磁辐射由于某种原因频率降低的现象，在可见光波段，表现为谱线向红端移动了一段距离，即波长变长、频率降低，如远离地球的天体发出的电磁波辐射在谱线上呈现红移现象；大爆炸宇宙论主要观点是认为宇宙是由一个致密炽热的奇点于 137 亿年前一次大爆炸后不断膨胀形成的，物质从密到稀、从热到冷地演化，如同一次规模巨大的爆炸。

从"日心说"到"地心说"，从海王星被发现到大爆炸宇宙论诞生，科学家们意识到，天文学和物理学尽管侧重领域有所区别，但两者又有互相启发、验证、推进的复杂关联。人类关于宇宙自然的很多疑问的答案、解题思路甚至题目本身都藏在浩瀚的星空中。但人类对望远镜在技术手段上的研发似乎已经到了极限，除了做大物镜很难再有什么突破，只因那个难以逾越的限制条件——可见光。

◎ 两大窗口·四大发现

千万年来，人类享受光带来的明亮、能量以及精神力量，却对光的本质一无所知。直到 17 世纪，牛顿才在光的研究上前进了一大步。除了旷世之作《自然哲学的数学原理》，《光学》也是他的伟大贡献。牛顿通过色散实验揭示了白光是由七种单色光构成的复合光，创建了光的微粒说解释了光的直线传播和反射性质。微粒说一度成为科学界对光本质的权威解释，流行 200 年。

1864 年，英国科学家詹姆斯·麦克斯韦在其前辈迈克尔·法拉第电磁理论的研究基础上，预言了电磁波的存在，建立了相对完备的电磁波理论和完美的方程组。1887 年，德国物理学家海因里希·赫兹用实验证实了麦克斯韦的预言。随后，意大利工程师伽利尔摩·马可尼不仅用实验证明光是一种电磁波，而且发现

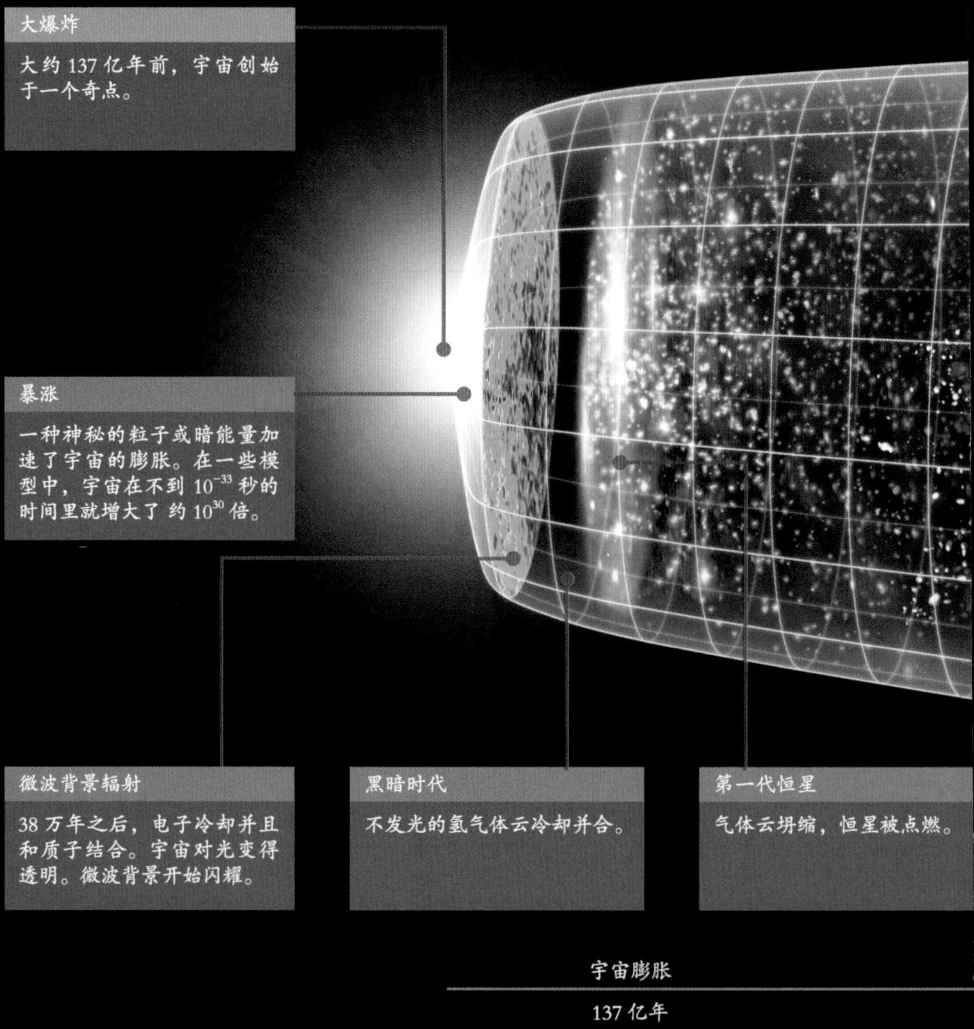

大爆炸

大约 137 亿年前，宇宙创始于一个奇点。

暴涨

一种神秘的粒子或暗能量加速了宇宙的膨胀。在一些模型中，宇宙在不到 10^{-33} 秒的时间里就增大了约 10^{30} 倍。

微波背景辐射

38 万年之后，电子冷却并且和质子结合。宇宙对光变得透明。微波背景开始闪耀。

黑暗时代

不发光的氢气体云冷却合并。

第一代恒星

气体云坍缩，恒星被点燃。

宇宙膨胀

137 亿年

大爆炸宇宙论示意图·

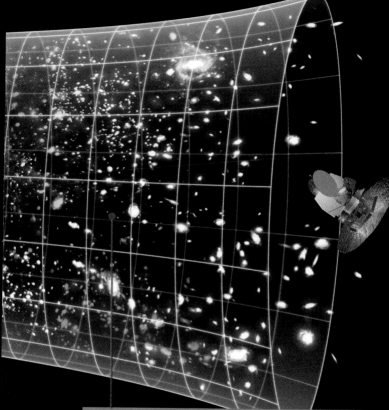

星系形成

在引力的作用下星系开始形成、并合、移动。暗能量则加速着宇宙的膨胀。但是速度要比暴涨小得多。

了更多形式的电磁波。

至此，人类认知再次跃升：电磁波是由方向相同且互相垂直的电场与磁场在空间中衍生发射的波，是以波动的形式传播的电磁场，具有波粒二象性，在真空中传播速度为光速。描述电磁波性质的最重要参数是频率（与波长成反比）。在电磁波谱上，以频率由低向高（波长由长向短）排列的话，依次为无线电波、微波、红外线、可见光、紫外线、X射线、γ射线。其中可见光的频率在380～750THz，波长在780nm～400nm之间，只是电磁波家族中很小的一个成员。眼见为实，这话不错，但是人类可见的图景并不能表现宇宙的全部信息。

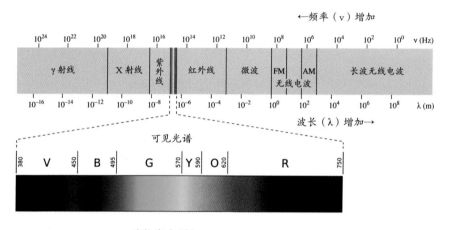

·电磁波谱·

19世纪末，在马可尼与美国工程师尼古拉·特斯拉的努力下，无线电通信由理论变为现实，并迅速在军用、商用、民用领域大显身手，彻底颠覆了人类固有的通信方式。与此同时，如今生活中常见的"大锅"——利用发射与接收无线电波来测距定位的雷达天线，也初露雏形。

1932年，又一次偶然发现改变了天文学史，而做出这项重大发现的并不是一位天文学家。美国新泽西州贝尔实验室无线电工程师卡尔·央斯基，长期负责调查干扰越洋有线通信的背景噪声来源。他采用了一组安装在圆形转盘上的天线

（后称为旋转木马天线），经过 1 年多的监测、记录和分析，最终确定了干扰源为雷电现象。但细心的央斯基在明显干扰信号之外，还发现了一种极其微弱的"嘶嘶"声。起初，他认为这个干扰信号来自太阳，只是它的峰值出现时间每天都要比前一天提前一点。详加分析后，他计算出这个无线电信号的重复周期是 23 小时 56 分 4 秒，恰好等于一个恒星日（以恒星为参考点度量的地球自转周期），而不是一个太阳日（以太阳为参考点度量的地球自转周期）。随后，央斯基测得信号源指向太阳系之外、银河系中心的人马座。地球上可以接收到来自外太空的无

· 卡尔·央斯基（Karl Guthe Jansky）·

· 20 世纪 30 年代初，央斯基的旋转木马天线 ·

线电波，这个发现诞生时并没有受到足够的关注。央斯基本想申请资金制造更高性能的天线用以深入研究，却因商业价值不高而被贝尔实验室否决。

央斯基无意中打开了又一扇朝向宇宙的窗口。在地球表层之外，聚集着厚度达数千千米的大气层，像温室大棚的薄膜一样保护着人类的居所，使其保持温度、湿度以及躲避流星、陨石和宇宙辐射的危害。但大气层同时也因其吸收和散射功能，阻挡了大部分宇宙电磁波抵达地表，只给人类留下了两大窗口：可见光窗口和射电窗口。

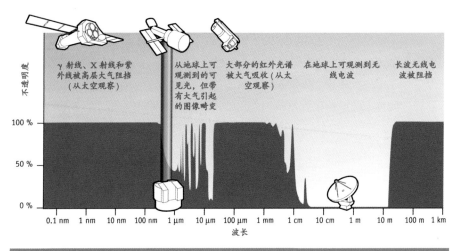

· 大气窗口示意图 ·

大脑充电站：射电

也称宇宙射电，通常指太阳系外、银河系内外的各种天体发射的无线电波，为了和地球表面产生的无线电波以示区分，取名射电。它和无线电波一样，有反射、折射、绕射（衍射）和散射等过程。

·格罗特·雷伯于 1937 年在后院自行建造了一台射电望远镜·

央斯基打开了一本新书的扉页，几年后在书上写下第一行字迹的是另一位工程师。大学毕业后成为无线电工程师的格罗特·雷伯无意中接触到央斯基的研究记录，痴迷天文学的他对此大感兴趣。1937年，他自费在自家后院修建了人类第一架9.45米口径的碟形抛物面望远镜，进行了第一次巡天探测，并于次年证实了央斯基的发现。1941年，他公布了自己的无线电频率巡天图。

基于两位工程师的贡献，人类揭开了宇宙射线的神秘面纱，开启了天文学的一个新分支——射电天文学。科学家们恍然大悟，原来人类通过眼球接收的信息极其有限，携带宇宙密码的射电波无处不在、无时不在，只是人类视而不见。意识到射电天文学领域大有可为，各种射电望远镜如雨后春笋般被制造出来。

射电望远镜的基本原理并不复杂，和光学望远镜类似：用反射面接收电磁波，将其反射、汇聚、同相聚焦到安装在公共焦点的馈源装置进行滤波、收集、转换，经由接收机进行放大功率和变频处理后传送至终端，再进一步放大、检

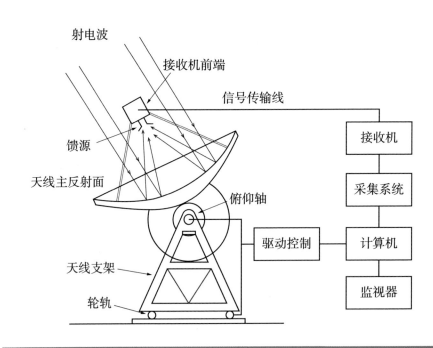

· 射电望远镜工作原理示意图 ·

波，最后以适于特定研究的方式进行记录、处理和显示。

从外形看，射电望远镜天线大多是抛物面，原因是抛物面易于实现同相聚焦于一点，便于接收。射电望远镜最重要的两个性能指标分别是空间分辨率和灵敏度。空间分辨率指的是区分两个彼此靠近的点源的能力，由电磁波波长与天线孔径的物理尺寸之比（1.22λ /D）决定，该比值越小（口径越大，波长越短）分辨率越高。灵敏度是指射电望远镜"最低可测"的能量值，天线接收面积越大灵敏度越高。通俗来讲，空间分辨率决定了能否"看得清"，侧重在于分析；灵敏度决定了能否"看得到"，侧重在于搜寻。

只因射电信号极其微弱，所以各国天文学家们想尽方法提高望远镜的空间分辨率和灵敏度，分别在"大""活""合"这几个方面下足功夫。

为了提高分辨率和灵敏度自然要尽量做大反射面口径，为了跟踪天体目标则要提高天线支撑、驱动系统的灵活性，而安全、造价、自然环境等局限性让各国天文学家们反复在设计和实践中寻找最优配置方案。固定式射电望远镜优势在于反射面口径可以建造得相对较大，劣势在于覆盖天区有限、跟踪时长短，位于波多黎各阿雷西沃山谷中喀斯特洼地的美国阿雷西博 305 米单口径固定射电望远镜

· 美国阿雷西博射电望远镜 ·

便是其中代表，为 20 世纪单口径射电望远镜之王。全可动式射电望远镜可以实现跟踪观测天体，但由于天线自重的限制，反射面口径只能做到 100 米左右，位于德国波恩市郊的埃菲尔斯伯格 100 米单口径全可动射电望远镜即为代表，运行以来在脉冲星和中性氢的观测中收获颇丰。

　　单打独斗力量毕竟有限，在单口径射电望远镜研发推陈出新的同时，科学家们也开始寻求另一条体现合力的新出路。20 世纪 50 年代，科学家利用电磁波干涉原理提出了"综合孔径技术"：将若干个小口径射电望远镜接收的信号综合起来，经过计算机处理，模拟成一个等效大口径望远镜的观测成像。20 世纪 60 年代，英国天文学家马丁·赖尔研制成功两个天线最大变距为 1.6 千米的综合孔径射电望远镜。由此不难想到，用若干个小孔径射电望远镜排列成一定的阵形，共同指向目标天区，如同昆虫的复眼一般，将每个单眼获取的信息复合起来，功效将等同于一个超大口径望远镜。一个新的射电望远镜形式诞生——阵列望远镜。

　　如此看来，阵列望远镜岂不是可以取代单口径望远镜了？事实没有那么理想。单口径射电望远镜的天线口径与反射面积直接相关，所以其空间分辨率和灵敏度指标完全取决于口径尺寸。但阵列望远镜稍有区别：其等效口径为基线长度（阵列中望远镜之间最大距离），其等效面积为所有子望远镜的有效反射面积之和，而两个数据并不是直接相关（由等效口径推算出的抛物面面积远远大于阵列

· 美国新墨西哥州的甚大天线阵（VLA）·

中所有子望远镜实际接收面积之和）。这些特性显示出单口径望远镜和阵列望远镜的不同优势，也就决定了二者工作方向不同，各有侧重。单口径望远镜优势在于灵敏度高、易操作、数据传输快、寿命长，科学目标侧重于发现新天体、新现象；阵列望远镜优势在于空间分辨率高、覆盖天区较大、跟踪时间较长，科学目标侧重于已发现目标的后续研究、精确成像。

20 世纪 60 年代起，各国天文学家们的不断努力研发，让射电望远镜不仅"睁大眼"，而且"摇起头"，还能"手拉手"，在天文观测领域屡有斩获，进而催生了"20 世纪天文学四大发现"：

一、星际分子

茫茫宇宙空间中，除了我们观测到的众多天体，还有什么？20 世纪前的天文学家们给出的答案是真空。20 世纪 30 年代的科学家推断，银河星系之内的星际物质 90% 为气体，其余为尘埃微粒。由于星际中温度过低，气体稀薄，辐射无法被光学望远镜捕捉。20 世纪 50 年代，射电望远镜不负众望，接收到了星际氢原子发出的波长 21 厘米电磁波。20 世纪 60 年代，美国科学家用射电望远镜在仙后座探测到了羟基（OH）分子。此后，天文学家们据此又设计了多种波段的探测方法，先后发现了更多星际有机和无机分子，截至 20 世纪 90 年代，被发现的星际分子已超百种。有机分子正是生命起源的必要条件之一。

二、类星体

顾名思义，类星体意即类似恒星的星体。发现它的起因在于天文学家观测该种星体时的种种难以解释的现象：从照片上看呈点状图像，类似一颗恒星；由光谱分析，又似一个星云；发出的射电波又像一个星系。它的主要特点是"小而亮"，体积类似小恒星，其释放的能量却在千倍以上，因此它即使处于几十亿甚至上百亿光年之外也能被望远镜捕捉。天文学家将其归为一种活动星系核。

三、宇宙微波背景辐射

20 世纪 60 年代初，美国科学家阿诺·彭齐亚斯和罗伯特·威尔逊使用高灵敏度的号角式天线系统测量系统噪声来源时，发现了难以清除的"噪声"。科学家始终未能消除这种顽固的厘米波背景噪声，也找不到这种各方向性质相同的电磁波的放射源，甚至一度以为天线内的鸟粪是罪魁祸首。最终，他们和另一个研究小组联手攻关，将其来源推断为宇宙早期"大爆炸"残留的电磁辐射，并定义为"宇宙微波背景辐射"。原来，它们是来自宇宙深处最远古的"光"。

> **大脑充电站：背景噪声**
>
> 射电天文学领域中的噪声并不是生活中杂乱的声波，而是指在观测频率范围内所有与观测源无关的无线电波信号，用系统温度来表征。

四、脉冲星

1967年10月，剑桥大学卡文迪许实验室24岁女研究生乔瑟琳·贝尔检测射电望远镜收到的信号时，无意中发现了一些周期稳定、脉冲间隔仅为1.337秒的脉冲信号。起初，她将其视为不明来源的干扰，甚至猜测为外星人发来的信号。接下来，更多的脉冲信号被发现，更多的科学家参与研究，信号来源最终被确定为一种体积小（多为半径10千米）、质量大、密度大、旋转极快的新天体。该天体属于中子星的一种，因其快速、规律地发出脉冲信号被命名为脉冲星。

> **大脑充电站：中子星与脉冲星**
>
> 中子星是大质量（8～25倍太阳质量）恒星演化至末期，因重力崩溃而发生超新星爆炸之后，塌缩形成的一种介于白矮星和黑洞之间的星体。脉冲星是高速自转的中子星，但中子星不全是脉冲星。

于普通人而言，上述"四大发现"似乎高深难懂且远离生活。其实不然，它们既容易理解又与我们每个人息息相关。星际有机分子揭示了宇宙物质结构，很可能携带着"生命密码";类星体距离我们百亿光年之遥,同时也意味着它是一位来自百亿年前的"时光老人",可以讲述宇宙演化的故事;宇宙微波背景辐射可以视为来自宇宙深处的"远古信使";脉冲星因其规律性的脉冲信号可以在人类出征星辰大海时指明方位,被科学家们浪漫地称为"宇宙灯塔",同时因其信号稳定性还能作为"宇宙时钟"。

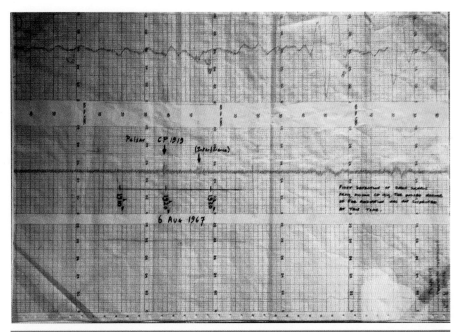

· 乔瑟琳·贝尔首次发现脉冲星信号的图表,当时该脉冲来源被临时称为"小绿人1号" ·

这些发现并不仅是人类对宇宙环境认知的简单扩展,更将科学家未来的研究方向直指那些本质问题:天体演化、生命起源、物质结构。我们是谁?我们从哪里来?我们到哪里去?这些终极问题从人类智慧诞生起直至今日的漫长岁月中,都在困扰着一代代哲学家、科学家以及普通人。宇宙从何诞生、如何演化?宇宙的寿命有限吗?宇宙有边界吗?生命如何诞生、人类去向何处?地球之外、银河系之外,有智慧生物吗?我们能找到另一个宜居的家园吗?人类苦苦寻找答案。

人类文明史就是一部思想进化史,思想史的重大节点都有自然科学的迭代升级作注脚，自然科学认知提升的催化剂当首推天文学。而天文学史则是一部对眼睛利用、改造、延伸、超越的历史。第一个天文时代（裸眼观测时代）我们依靠眼见为实，视野有限，认知朴素；第二个天文时代（光学望远镜时代）我们扩展视野，逐渐看清了太阳系的形貌；第三个天文时代（射电望远镜参与的多波段观测时代）我们超越了眼球和可见光的局限，"看"得更远、更清晰、更深刻。

在我们可以想见的未来，人类将驾驶着太空飞行器，穿梭于星际天体之间，打开宇宙地图，循着"宇宙灯塔"一闪一闪的指引，瞥一眼"宇宙时钟"来计划行程，读着"远古信使"带来的书信，偶遇宇宙一隅的"时间老人"，询问宇宙的起源故事，寻找神秘的"生命密码"……每一个天文学家都在憧憬这浪漫的未来图景，也肩负着沉重的时代使命。

回顾上述"四大发现"以及射电窗口的发现过程，看似都属偶然之举，实际上每一个科学发现都离不开发现者的职业素养、敏锐直觉、执着信念以及对未知的极度好奇。"四大发现"的激励下，全世界的天文学家们都发挥各自的才智，投入了巨大的精力和财力继续对射电望远镜进行升级改造。

20世纪80年代以后，天文学家们将阵列式射电望远镜的间距（基线）扩展到数千千米量级，诞生了新概念——甚长基线干涉阵。美国新墨西哥州的甚大天线阵（VLA）由27面直径25米的抛物面天线组成，呈Y形排列，最长基线为36千米。美国的甚长基线干涉阵（VLBA）由10台口径25米的射电望远镜组成，跨度从美国东部的维尔京岛到西部的夏威夷，最长基线为8600千米。欧洲科学家们将多个甚长基线干涉测量装置（VLBI）联合成观测网（EVN），成员天线主要覆盖欧洲，随后亚洲、非洲、美洲等国家和地区的天线陆续加入，组成了超大级别基线的射电望远镜阵列。基于阵列望远镜的工作特性，全球不同机构、国籍、种族、语言、信仰的科学家们如同散布于世界不同角落的天线协同作战一样，携起手来，共同探索全人类的未来。

进入20世纪90年代，天文学家们的研究可谓全面开花，除了射电望远镜的观测硕果累累，其他波段上也是成绩斐然。人类先后利用高空气球、飞机、火箭、航天飞机、天文卫星、空间天文台等工具搭载各种波段适配的望远镜，排除了大气、地球重力等干扰，大大提升了观测波段宽度、分辨率和灵敏度。1990年4月24日，哈勃空间望远镜由航天飞机运载升空，传统的光学望远镜也终于离开了地表，拍下了一张张真切的宇宙快照。电磁波全波段终被人类打开，百多亿光年以外，也就是百多亿年以前的宇宙信息扑面而来。宇宙的前世与来生，疆域与形貌，花园与秘境，演化与巨变，种种密码都等待我们去获取、解读与应对。

即将跨入新世纪的射电天文学家们面对千载难逢的机遇，喜不自胜又忧心忡忡。喜的是，射电天文学领域前景辽阔，望远镜的研发仍有很大空间；忧的是，随着人类科学技术的飞速发展，飞行器、卫星、高科技通信用品产生的无线电信号越来越多，对射电天文观测的干扰越来越严重。时不我待，全球的射电天文学家们达成共识，决心要加快研发与协作的步伐，目标就是达成下一代大射电望远镜（Large Telescope，简称 LT）计划，即建造一个总接收面积相当于 1 平方千米的大型阵列式射电望远镜。

1993 年 9 月，在日本京都举行的国际无线电科学联合会（URSI）第 24 届大会上，澳大利亚、加拿大、中国、德国、法国、印度、荷兰、俄罗斯、英国、美国等 10 国射电天文学家代表组建工作组，商讨 LT 计划方案。代表中国参会的中国科学院北京天文台（今中国科学院国家天文台）的天文学家心情无比复杂，一方面对世界天文学界的未来发展满含憧憬，另一方面对中国天文学发展落后于国际水平心有不甘。

大脑保健操 01

1. 你能用几种方法证明地球是个球体？

2. 伽利略不是望远镜的发明者，为何能做出伟大的观测发现？

3. 射电望远镜口径是越大越好吗？

第二章 华夏·筑梦

憧憬未来和不甘现状的当然不止一人，还有更多的中国天文人、科技人，乃至近代以来的一辈辈有志之国人。

几千年来，勤劳、聪慧、勇敢的中国人在这片沃土上繁衍生息，孕育出灿烂的华夏文明。基于发达的农耕技术和相对稳定的中央集权的帝制统治，中国古代的科学技术遵循自己独特的节奏和方向稳定发展，是全人类文明发展中无法被忽视的力量。除了耳熟能详的四大发明，中华民族在农学、医学、天文学、数学方面的发明与发现不可胜数，在水利、机械、建筑、陶瓷、丝织等应用领域更是引领了时代的脚步。其中，中国古代天文学为人类做出的贡献尤为重要。

民以食为天，而农民耕作也要看天，既看天气，更看天时。观象授时，是所有古代农耕文明生产生活的迫切需求，所以历法成为各个民族的头等大事。古人很早就注意到最熟悉的两大天体太阳和月亮的视运动规律——太阳回归年和朔望月，根据不同的理解制定自己的历法，指导农业耕种时机以及政治、经济、交通、军事、社会生活的协同性。

> **大脑充电站：回归年和朔望月**
>
> 回归年又称太阳年，是指太阳连续两次通过春分点的时间间隔，也是地球公转周期。朔望月，又称太阴月，是指月球绕地球公转相对于太阳的平均周期。朔日（无月日）为农历初一，望日（满月日）为农历十五，两朔之间称为一个朔望月。

早在中国上古时期，就出现了以夏历为代表的古六历。战国时期，出现了以365¼天为一年的四分历。公元前104年，汉武帝时期启用的太初历是现存记载最详细的中国古代历法。太初历采用回归年和朔望月相结合的形式，并用置闰法解决了阳历和阴历不匹配的问题。值得一提的是，太初历在阴阳合历的基础上还补充了二十四节气作为更加形象具体的农耕时机的指导。在此后漫长的两千年中，历朝历代的天文学家在太初历的基础上不断调整回归年长度、朔望月长度以及置闰的方法，编制了超过百种的历法，不仅为先人们提供指导和便利，也给后人们留下了宝贵财富，作为塑造中华民族文化的元素之一流传至今。我们熟悉的农历仍然在农业生产、日常生活和文化传承中扮演着不可替代的角色。

> **大脑充电站：二十四节气**
>
> 　　中国古人发明的用于指导农事的特定节令体系。它最初是依据北斗七星斗柄的视位置周期变化而定，太初历采用测日影法来确定周期。现行的二十四节气根据太阳在黄道（一年当中太阳在天球上的视路径）的位置确定周期，始于立春，终于大寒。

　　仰望星空是出于人类本能的好奇，而由于制定历法的需要，观测天象这项工作则需要精益求精。中国古代天文学家留下了大量翔实的观测记录。战国时期甘德和石申合著的《甘石星经》记录了恒星及五大行星的运行规律，是世界上现存最早的天文著作之一。其后的天文学家根据观测恒星、日月、行星的规律运行留下的观测记录及绘制星图，现身于传世典籍和考古发现中。

　　规律天象体现的确定性让人安心且有使用价值，而异常天象的不确定性却使人心生恐惧。以我们习以为常的月食为例，不同时代和种族的古人均有关于月食的观测记录。他们不知道月球是一颗不会发光的卫星，也不知道月食是阳光被遮挡产生的光学现象，只能凭借那种"光明被黑暗吞噬"的直观感受，不约而同地把这个天文现象视为不祥之兆，并编造了不同的神话，解释为美丽的月亮被天狗、蟾蜍、恶魔、美洲豹等邪灵吞吃。相比之下，中国古代天文学家比其他地域的古人更关注异常天象的记录。日食、月食、彗星、流星雨、极光、新星、超新星、太阳黑子等现象都被历代天文学家详细记录在史籍中。

　　北宋至和元年五月己丑（1054 年 7 月 4 日），司天监官员杨惟德在天文志中记录了一颗客星"出天关东南，可数寸，岁余稍没"。天关即金牛座 ζ，客星是中国古代对天空中新出现的星体的统称，常用来称呼彗星、新星、超新星，意为偶来做客之星。这颗"天关客星"被几百年后的天文学家认定为一颗超新星，而它爆炸后的残骸形成了蟹状星云（M1）。千年前的古人绝不会意识到，他们的观测记录对今人研究天体演化规律和现代兴起的射电天文学有着无与伦比的研究价值。

丰富翔实的观测记录当然离不开观测仪器，中国古人在观天仪方面的贡献有目共睹。浑仪和浑象是其中代表，浑仪由数个同心圆构成，配合窥管用来观测天象；浑象是个球体，上面刻着各种天象图案，用于演示。二者组合起来就是具备观测与演示功能的浑天仪。东汉科学家张衡在前人研究基础上创制的漏水转浑天仪，由流水提供动力，演示星空中天体的周日视运动。此后，魏晋南北朝时期的杨伟、祖冲之，隋唐时期的刘焯、一行，两宋时期的张载、沈括、苏颂、秦九韶

· 北京观象台的浑仪，摄于 1873 年 ·

都在天文观测和仪器改良方面推动了发展。及至元代，郭守敬除了在天文、历法、水利、数学方面成就卓越，更是为后人留下了十多种天文观测和计时装置（授时历、简仪、高表、仰仪、水运浑天漏等）。

如此完备的历法、翔实的观测数据和实用的观测仪器，都建立在中国古人独特的宇宙观上。先秦时期的中国人认为"天圆如张盖，地方如棋局"（盖天说），体现了古人"天圆地方"的直观感受；张衡把宇宙结构比作鸡蛋，大地如蛋黄，天空如蛋壳，日月星辰都被安置在蛋壳上（浑天说）；另一种与前两者迥异的古代宇宙观认为天是个充满"气"的虚空，日月星辰是浮游其中能发光的"气"（宣夜说）。尽管宣夜说阐述的宇宙模型和"无限宇宙"的理念与现代宇宙观有几分相似，但它提到的气并不是空气，也没有系统的数理理论支撑，只是古人的一种哲学思辨，所以并未流行起来。

综上所述，中国古代的历法、观测记录、观测仪器和宇宙观丰富、完备、研究价值极高，与西方古文明产生的成果有着迥然不同的特点。中国古人的历法是阴阳合历辅以节气，实际操作价值明显优于古代西方常用的太阳历；中国古代天文机构为执政者直接管辖，得到了充沛的资源支持，而西方天文学家多是个人或组织行为，经常受制于政治、经济、宗教等因素；由于长期处于大一统政权统治下，中国古代天文学家留下的天象观测记录丰富、系统且准确，延续两千年，强于任何其他古老文明；中国古代的观测仪器主要用赤道坐标系统，西方古代用黄道坐标系统，而现代天文学采用的正是中国式的；中国古代的宇宙模型以单一球壳的浑天

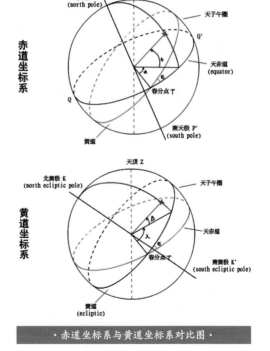

赤道坐标系

北天极 P (north pole)
天顶 Z
天子午圈
Q'
天赤道 (equator)
春分点 T
南天极 P' (south pole)
黄道

黄道坐标系

天顶 Z
北黄极 K (north ecliptic pole)
天子午圈
天赤道
春分点 T
南黄极 K' (south ecliptic pole)
黄道 (ecliptic)

·赤道坐标系与黄道坐标系对比图·

说为主，而西方经历了水晶天球、本轮—均轮多重球壳、地心说、日心说的一系列演化；中国古代的宇宙观和哲学观契合，崇尚天人合一、与自然共生，西方的思想则偏重于探索宇宙规律并加以利用。

至宋元两代，中华民族的天文学与观测技术水平登上世界巅峰，直到历史的航船行至分水岭前。

◎ 分水岭·新时代

明清两代，中国科学技术发展减缓，欧洲异军突起。13 世纪，欧洲人借阿拉伯人之手带回了中国的四大发明和深埋卷帙中的古希腊数学、天文学、哲学知识。在随后几个世纪中，文艺复兴运动、地理大发现、宗教改革、启蒙运动接踵而至，科学革命、工业革命应运而生，欧洲文明在走进近代的节点脱颖而出。世界天文学的巨大变革不只是一台望远镜的发明能决定的，文明的发展也不完全是一场科学革命能引领的。面对外部世界翻天覆地的变化，中国的封建帝王们无法真正吸纳新鲜事物，即便不断有西方人带来了钟表、望远镜和自然科学著作，也被皇帝大臣们视作玩物或束之高阁。

近代中国的历史写满了屈辱。两次鸦片战争、中法战争、甲午战争、八国联军侵华战争，以及随之而生的一个个割地赔款的不平等条约，都在国人心里刻下血泪的印记。不论是综合国力还是科学技术，一度居于世界之巅的中华文明，为何经过短短三四百年就大大落后于西方世界，在资本主义列强的坚船利炮面前不堪一击？为什么中国人发明的造纸术和印刷术，经过欧洲人的继承和改造，成为西方宗教改革和文艺复兴的推手？为什么中国人发明了指南针，却没有驾船出海发现新大陆？为什么中国人发明了火药，却没有用枪炮四处征伐掠夺？知识分子、有识之士百思不得其解。

历史无法更改，但以史为鉴有助前行。曾经的辉煌和苦难都历历在目，妄自尊大和妄自菲薄均不可取。对于新时代的中国人来说，要思考的问题是如何摆脱落后的现状。

1949 年，中国人民真正站了起来。中华人民共和国成立后，国人经历了风云变幻、筚路蓝缕的三十年。国际局势凶险，国内百废待兴，华夏儿女凭借勤劳、智慧和坚韧一步步解决了国家、民族、人民的生存问题，迎来了时代的拐点。改革开放以来，在大力发展经济的同时，国人认清了科技领域与国际先进水平的巨大差距，有意愿也有能力奋起直追。基础科学发展水平是一个国家科技综合实力的重要体现，而天文学被公认为基础科学门类中的重中之重。

中国现代天文学发展在理论和技术两方面均处于落后状态，但一代代天文学工作者知耻而后勇，利用有限的资金和设备坚持着研究与传承。老一辈天文学家在研究、教学、观测、研制等方面承前启后，还不忘在青少年科普领域默默耕耘。在他们的不懈努力下，北京天文台、上海天文台、紫金山天文台、云南天文台和陕西天文台分别建立。每一个新中国天文人都信奉德国哲学家黑格尔的那句名言：一个民族总要有一群仰望星空的人，才有希望。

时间跨入 20 世纪 90 年代，新千年即将来临，中国天文人的急迫感愈加强烈：我们在第一个天文时代遥遥领先，在第二个天文时代落后挨打，如今第三个天文时代已经开启，我们将何去何从？尽管在过去的几十年，我们通过留学、学术交流、观测活动等手段积极参与到世界天文学大家庭中，但在硬件指标——望远镜的研制与创新上仍然严重滞后。除了光学望远镜水平落后于国际主流，新兴的射电望远镜领域发展状况同样堪忧。1990 年于青海省德令哈市建成的毫米波射电望远镜的口径仅为 13.7 米，1993 年建成的新疆乌鲁木齐南山射电望远镜的口径仅为 25 米，这与美国阿雷西博射电望远镜的口径 305 米差距巨大。"造出我们自己的高端望远镜"，这个美好梦想似乎有些遥不可及。

◎ 机遇 · 挑战

1993 年，从日本京都第 24 届国际无线电科学联合会传回的消息被通报给北京天文台射电天文研究室以及国内天文学专家们，瞬间点燃了中国天文人的希望。抓住机遇迫在眉睫，LT 中国课题组迅速成立，迎接挑战责无旁贷。

常言道：机遇总是留给有准备的人。但有时，实现伟大梦想的强烈渴望将会变不可能为可能。对于这个千载难逢的机遇，老中青三代中国天文人的想法统一、明确且直接：争取 LT 计划落户中国。他们都明白，以我国当时的理论、技术、制造水平和经济实力、人才储备，如按正常速度发展，在天文学领域我们将永远处于追赶者的角色。如果成功把 LT 计划在中国落地，未来几十年在硬件、软件、资源等方面都有机会获得国内外的支持，促进我国射电天文学以及各个相关基础科学的爆发式发展。

梦想的种子在中国天文人的心中被种下的那一刻，马上就面临着如何利用有限资源和优势使其生根、发芽的大问题。课题组的成员们仔细研讨了 LT 计划的细节。在此前的京都大会上，十个成员国的天文学家对未来的大射电望远镜阵列构成形式产生了分歧：大口径小数量与小口径大数量。两种形式在分辨率、灵敏度、成本、环境要求等方面各有利弊，综合考量之下也难分伯仲。中国课题组经过研究选择支持大口径、小数量的方案。

随后，课题组在国际 LT 计划会议上提出了落户中国的诉求。同时，在没有正式立项、没有国家项目资金支持的情况下，课题组决定启动初期的选址工作。根据射电望远镜的环境需求（无线电隔离性、建设便利性），台址目标指向甘肃、新疆、内蒙古等地平人稀之处。但他们很快发现，这种地貌在国际竞争中并无太大优势。此路不通，课题组又将目光转回了原点。既然要建造阿雷西博型的大口径射电望远镜，我们是否也该借鉴它的选址方案呢？由此，喀斯特地貌第一次摆上了课题组的案头。

1994 年 5 月一个午后，中国科学院遥感应用研究所来了几位客人。天文台的同事们此次是来兄弟单位取经的，意图通过遥感数据库初步筛选可用台址。搞地质研究的科学家面对极少打交道的天文学家们的突然来访，还有些疑惑不解。天文学家则单刀直入说出了需求：

"我们要找一块洼地。"

"有什么要求？"

"够大，够圆，够便利，够僻静。"

"就这些？贵州多得是啊！"

大脑保健操 **02**

1. 中国古代天文观测记录与当今射电天文学有何关联？

2. 中国古人采用的赤道坐标系有何优势？

3. 中国参与 LT 计划的优势是什么？

第三章 台址·窝凼

◎ 地博士·天博士

贵州省位于中国大西南，在云贵高原上居中而坐，多山地丘陵，气候温暖湿润，气温变化小，属亚热带湿润季风气候。贵州娃们从小就熟知那句古老的谚语：天无三日晴，地无三尺平，人无三分银。这里常年多雨，遍地都是峰丛和洼地，适合农耕的平整土地很少，从当地地名就可见一斑（冲、荡、坨、湾、洞、滩、塘、坡、坪、坝、凼、岩）。耕地贫瘠且稀少，直接导致了经济发展滞后。但对小孩子来说，那些山沟和水凼却是游戏的好去处。山里的飞鸟走兽，水里的各种游鱼，填满了童年记忆。孩子们经常对故乡的山水产生疑问：为什么很多山峰都环抱着一个大坑？为什么明明降水量很丰沛，却常常缺水？为什么下雨时形成的溪水流着流着就消失了，而在某个洞口突然又冒了出来？

原来，这种多雨却留不住水、峰丛环抱洼地的特征来源于一种特殊地貌——喀斯特地貌。

大脑充电站：喀斯特

喀斯特（Karst），是地表水与地下水对可溶性岩石（碳酸盐岩、石膏、岩盐等）溶蚀、侵蚀，沉淀、沉积，以及重力崩塌、坍塌、堆积等物理化学作用形成的地貌，存在于地表和地下，以斯洛文尼亚的喀斯特高原命名，中国称之为岩溶地貌。

喀斯特地貌在中国贵州、云南、广西分布尤为集中，贵州境内70%地域都属于此种地貌。基于短则几十万年、长至上亿年漫长的地壳运动、气候变化和流水作用，喀斯特地貌在不同的发育阶段，有不同的地貌特征。地表之上，它首先发育为石芽、溶沟、漏斗和落水洞，继而出现干溶洞，地下水位附近发育出地下河，地面成为缺水的蜂窝状。随着溶蚀的发展，破碎的地面出现溶蚀洼地与峰丛。地下河因洼地溶蚀、崩塌而露出地表，地下河陆续演变为地面河，最后，喀斯特盆地不断蚀低、扩大，地面残留蚀余堆积物，形成地形平坦有河流、水塘的喀斯特平原（坝子），但仍然残存孤峰、残丘。

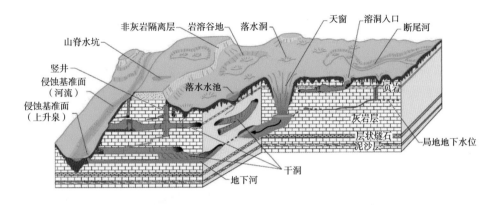

山脊水坑 非灰岩隔离层 岩溶谷地 落水洞 天窗 溶洞入口 断尾河 竖井 侵蚀基准面（河流） 侵蚀基准面（上升泉） 落水水池 页石 灰岩层 层状礁石 泥沙层 局地地下水位 干洞 地下河

·喀斯特地貌发育过程示意图·

贵州的喀斯特洼地大多处于峰丛发育阶段，峰丛密集，洼地大而深，地下河丰富，这就是贵州降雨多却留不住的原因。中国的地质科学家们多年来志在如何探明、利用和改造祖国丰富的喀斯特地貌，造福祖祖辈辈生活在穷山恶水中的父老乡亲。新兴的空间遥感探测技术大大提高了获取地表数据的效率和准确度，让科研工作者们顿觉如虎添翼。地质人也不会想到有一天喀斯特地貌会被天文学利用，天文人也没有想到大自然的鬼斧神工早就为射电望远镜准备好了完美的"家"。

大脑充电站：遥感技术

20世纪60年代兴起的一种空间技术，应用人造卫星、飞机或其他飞行器为平台，通过各种传感仪器对远距离目标所辐射或反射的电磁波（紫外线、可见光、红外线、微波）进行收集、记录、处理并最后成像，从而对地面目标进行探测和识别，用于甄别地球表面的各类资源和环境。

　　详细沟通之下，地质人明白了几位天文人的来意，脑海里迅速构建着一个完美画面：巨大的洼地，恰好嵌入一个巨大的球冠反射面，最大限度减少了开挖土方工程量；峰丛与洼地像一只大手般托住反射面，既稳定又能屏蔽周围环境的无线电波干扰；洼地特有的喀斯特漏斗特性，即地质人戏称的"抽水马桶"效应，可以迅速将地表水排入地下暗河，不至于因积水影响望远镜的运行与安全。种不了庄稼的山和存不住水的地，眼下却成了独一无二的优势。贵州的峰丛洼地简直就是为大型射电望远镜量身打造的。

　　通过地质人的生动描述，天文人们眼前一亮，双方一拍即合。古语云，兵马未动粮草先行。对于大射电望远镜计划而言则是，"天博士"未动，"地博士"先行。稍做准备，地博士就抱着一大摞遥感图件资料奔赴贵州。为祖国地质学和天文学做点贡献的双重愿望，促动地博士成为大射电望远镜选址工作最早的孤独探路者。可谁又能预料到，这条充满荆棘和变数的寻址之路要走13年。

　　6月的贵州正值雨季，山间雾霭缭绕、溪水潺潺。地质人披着塑料布、手拄竹杖，踏进黔南州平塘县的深山。一个多月时间，地博士对从遥感数据库中筛选出的数十个洼地进行实地踏勘，记录了各个洼地的经纬度、峰距、底部与顶部的高程及高差等详细数据，并初步绘制了平塘县洼地分布图，返回北京。

　　拿到第一份选址报告，LT课题组人员眼前又是一亮。贵州的地貌特征大大增加了中国参与国际LT计划的可行性和竞争力。1994年8月，在荷兰海牙举行的LT工作组第二次会议上课题组提交了中国选址报告，贵州喀斯特地貌第一次进入国际天文学界的视野。

　　9月，几位天文人前往贵州实地勘察。一行人踏进贵州的山旮旯后，才深刻体会到了那句"三无"的古谚。在这里，老天爷翻脸真比翻书还要快，就算一天之内翻几次脸也是家常便饭；"上山容易下山难"这句俗语也要翻过来，从峰间垭口下到洼地需要半小时，爬上来可要一个小时；唯一欣慰的是，当地乡民虽然穷苦，却都有淳朴、滚烫的心，对来访的外乡人极其热情。科学家们没见过如此贫瘠、险峻的山水，但这却是他梦想中大射电望远镜理想的家。多年以后，每当遇到"当年有多苦"之类的问题，他们会不约而同地笑而不语。如果没有吹过垭口的风，没有淋过竹林里的雨，没有喝过泉眼中不那么甘甜的水，没有全身沾满鬼针草的种子，没有尝过露营时被蚊虫叮咬的苦头，没有在泥泞的盘山小路上摔过跤，没有从山坡上滚落时的九死一生，谁又能感同身受？而这所有的苦都仅仅是

13年漫漫选址长征中的小插曲。

除了艰苦，选址之路上还充满变数。最初，LT中国课题组的方案是"大口径、小数量"，即在方圆300千米范围内建造20～30台的阿雷西博型射电望远镜组成阵列，也就意味着需要大量适宜的台址。经过遥感数据和初期踏勘，课题组将台址范围锁定在位于贵阳以南的两个县：黔南州平塘县和安顺市普定县。

无线电环境对射电望远镜的重要性就相当于空气之于人类一样，所以考察台址周边环境的无线电干扰情况是选择台址的先决条件之一。

利用国际同行带来的便携式监测设备和技术支持，课题组完成了初步环境监测。结果令人满意，贵州的电磁环境完全符合大射电望远镜的要求。在地貌形状和电磁环境均显示大致可行的情况下，课题组对平塘、普定两个区域开启新一轮更详细的踏勘工作，目标在于探明候选台址的工程地质、水文地质条件，以及进行长时段的电磁环境监测。

经过探路者们风餐露宿的一年，1995年年底，第一批候选台址送到了课题组案头。其中，平塘县的大窝凼和普定县的尚家冲因出色的综合参数成为两个县各自的种子选手。当课题组成员们坐了50小时的绿皮火车，换乘汽车一路颠簸来到平塘县，从县公路下车徒步走过近八千米的狭窄土路，艰难登上大窝凼的南垭口时，他们不由得坐了下来，仔细端详着眼前的景象：

一片翠嶂中矗立着五座山峰，像五根手指一样捧着几近完美的球冠形洼地。大窝凼名不虚传！即便不会念凼（dàng）这个字的人，也能根据字形大致猜出这是个因流水冲蚀而成的U形洼地。凼底为较平坦农田，坡地上种植着经济作物，几排小木屋错落有致，炊烟袅袅。

课题组成员们环视着浑然天成的大窝凼，脑海里勾勒出虚拟的三维图景。疲惫却兴奋的他们站起身子，拍了拍尘土，指着凼底的小房子说道："走，找老乡们讨口水喝！"

村民们看到半山腰走下来的几个人，就知道准是北京来的，赶忙烧水煮茶、满山抓鸡。他们不知道什么叫射电望远镜，只知道此前来过的天博士、地博士们都是大科学家，来这里踏勘、监测准是要做不得了的大事。这次来的几位科学家特别细心，一坐下来就拉着老乡问东问西，尤其关心凼底往年雨季的积水情况。当得知凼底很少积水，即便连下暴雨的时节，积水也容易排到地下，他们满意地

· 有 12 户人家的大窝凼原貌 ·

站起身，环顾着峰丛洼地说道："真是世外桃源啊！"

◎ 桃源·绿水

大窝凼隶属于贵州省黔南州平塘县克度镇绿水村（后合并更名为金科村），凼底居住着 12 户 65 口杨姓村民，其先祖于百多年前因避匪患迁居至此。这与陶渊明的《桃花源记》何其相似，更加巧合的是，大窝凼三千米以外就有一座喀斯特溶洞——桃源洞。

复行数十步，豁然开朗。土地平旷，屋舍俨然，有良田、美池、桑竹之属。

与陶渊明笔下截然不同，大窝凼为喀斯特地貌，既不平整也不适于耕种，只有少量耕地种植着玉米和水稻，出产不多。村民依靠山坡上种的油桐、饲养家畜等度日，而且要把桐籽、家畜、木材运到 10 千米外的集市或 100 千米外的县城售卖，只能靠肩挑马驮，效率极低。村民住的是木材和青瓦盖的两层土楼，喝的是添加明矾煮过的雨水，日子极其艰苦。

便要还家，设酒杀鸡作食。村中闻有此人，咸来问讯。

和"武陵人"感受相同，科学家们在大窝凼以及贵州其他候选台址都受到了

· 大窝凼环拍总图 ·

最高礼遇。雨水煮茶虽苦，能暖人心；自酿米酒醇香，能醉贵客；现抓土鸡鲜美，能饱口福。不仅如此，在十数年的选址过程中，老乡们也积极奉献自己的力量，对整个大工程来说也许只是微薄之力，但对村民们来说却是倾其所能。为了方便科学家们进出大窝凼，50 余位村民只依靠镇里提供的有限炸材，凭着双手挥舞锤镐，仅用了 28 天就开出一条从省道到垭口的毛坯路。进行电磁环境监测时，科学家们需要在凼底、山腰、山顶分别设置监测点。老乡们牵着自家的骡马，挥着柴刀开路，将拆分的仪器送至目的地。

　　问今是何世，乃不知有汉，无论魏晋。

　　凼里的村民们当然不像桃花源中之人那般与世隔绝，但由于地处"三无"的险峻山水之中，常年过着"三不通"的闭塞生活：不通水、不通电、不通路。可想而知，村民们文化水平自然也不高，根本不知道这些博士们进进出出是忙什么事。有人猜测是发现了矿藏，有人风闻是要寻找外星人，反正村民们知道必是利国利民的大好事，需要尽一份力。相关政府工作人员当然知道课题组是在给大科学工程选址，省、州、县、镇各级领导和工作人员在项目没有立项之时就给予了最大限度的人力、财力、物力支持。当地一家高校也积极配合，其师生团队参与了第二轮台址筛选工作。

◎ 二轮筛选·百里挑一

这次选址工作方向是选出一个适合大射电望远镜计划先导单元的台址，除了此前的地质、水文、电磁波环境等指标，团队更加详细地考量了政治、经济、人文、交通、电力、通信、大气候、小气象等方方面面的影响因素。与此同时，各路专业团队也开展勘测、数据采集工作。贵州省无线电管理局负责对候选台址及周边乡镇、县城的无线电环境进行长期监测。贵州省山地气候研究所团队负责监测洼地核心及周边地带各种气象、气候、天气灾害等数据和植被、水体、污染状况。贵州地质工程勘察设计研究院承担了台址工程的地质勘测工作。

经过 3 年半的踏勘、监测、数据采集和研判，团队在第一轮数百个候选台址中选出 70 个，又在此基础上甄选出 17 个优质台址。2006 年初，大窝凼以综合指标最优在竞争中突出重围。不能忘记的是，除了平塘县大窝凼，以普定县尚家冲为代表的众多候选台址所在地的政府和人民同样为 FAST 选址工作付出了相当大的财力、物力、人力和心力。大窝凼作为中选台址在众多方面有着得天独厚的优势。

地貌发育方面：该地由多次地质运动抬升而成，地块稳定，喀斯特地貌发育成熟。

洼地形态方面：凼底较平坦，海拔约840米；最高峰顶海拔约1200米，最大高差约360米；海拔980米以下为闭合的峰丛洼地；洼地垂直剖面近似U形，水平剖面近似规则的圆形；如选取深度125米、球冠张角120度来建造球面望远镜，口径可达550米。这个几近完美的形状意味着尽可能小的工程挖填土方量。通过球冠拟合的计算机三维仿真图估算，大窝凼台址的工程土方量是其他竞争台址的1/3 ~ 1/2。

工程地质方面：洼地出露地层岩性以石灰岩为主；通过300余个30米深的钻孔取样，探明洼地地下层为上部松散堆积物和下部白云质灰岩；地下有少量塌陷，边坡有小型崩滑现象，需加固和护理。工程基岩抗压强度高、边坡较稳定，总体结构稳定，适宜施工。

水文地质方面：地表缺水，主要靠降雨；地下河管网发育；降水顺坡而下集于凼底，经由边坡的垂直裂隙和底部的落水洞汇入地下暗河。综合历史记录和村民口述，降雨不易在底部存积，但仍需要对天然排水溶洞进行加固并加修单独的排水隧道，以保万无一失。

电磁环境方面：平塘县及附近地带均属于欠开发区域，人口稀疏、人类活动少，电波污染较少。不间断监测显示，大窝凼洼地的无线电波干扰电平极低，相

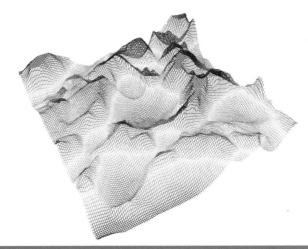

当于邻近县城的万分之一。由于接收目标电磁波波长为厘米到米范围，大射电望远镜对自然环境的要求不是很高，通常置于野外；但其目标电磁波的强度十分微弱，极易受到干扰，这也是课题组初期联合国内外专家和团队付出了大量的时间去监测电磁波环境的原因。而且，在望远镜建设前后既要设立以台址为中心、半径30千米范围的电磁波宁静区，也要长期进行监测和电磁波环境保护工作。

气候气象方面：台址处于中亚热带季风湿润气候区，冬暖夏凉，雨量充沛。通过对大环境的数据分析和对小环境气象的实地监测，以及对历史气象数据整理，大窝凼的气候气象条件基本符合要求，不会对望远镜的安全与性能造成影响。对于如冰雹这种不可控的天气灾害风险，课题组计划建造三座气象炮站，根据实时气象预报，将携带催化剂的炮弹打到可能产生冰雹的云层，阻止冰雹形成，防患于未然。

资源交通方面：平塘县水利、煤炭资源丰富，拥有3座水电站，省内也有电子、建筑、材料、加工、能源等各类相关企业可以为工程助力。除了台址现场和附近几千米范围内道路不畅，总体交通条件相对便利。课题组需要面临的主要问题将是在特殊地形内开展大科学工程的统筹、协调和优化。

人文环境方面：大窝凼的自然环境对大射电望远镜工程来说正是求之不得的世外桃源，可对于本地老百姓却是穷山恶水。平塘县下辖约20个乡镇，总人口不

·候选台址初勘 ZK8 岩芯·

过 30 万，农民年收入不高，一直是贫困县。大科学工程无疑是双赢的大好事，但实际操作中，也在考验着项目组及当地政府的智慧和远见。在省（贵州省）院（中国科学院）双方的全方位合作中，一方面当地各级相关单位、企业、高校要给予该工程最大的支持，在建设前和建设中合理利用资源、妥善安置搬迁群众和企业，项目运行后持续做好保障工作；另一方面，项目组也要在建设过程中最大限度减少对当地环境的破坏，于工程完工运行后，在经济、科技、教育、旅游等产业领域带动当地发展。这也是大科学工程在本身的科技职能以外，理应担负的更有意义的责任。

　　稳定的地质、匹配的形状、优质的电磁波环境和良好的排水性等优势，使得发现和利用大窝凼洼地作为台址成为大射电望远镜项目的自主创新之一。更为重要的是，台址的逐步确定给科学家们提供了一个阐发灵感和放飞梦想的大舞台，从而引出了另一项自主技术创新。

大脑保健操 **03**

1.选址过程中，除了地形和地质以外，最重要的考察内容是什么？

2.喀斯特洼地作为射电望远镜台址有哪些潜在的风险？

3.大窝凼在台址最后一轮竞选中胜出的决定性优势是什么？

第四章 馈源·支撑

◎ 化刚为柔・双头并进

　　能选到合适的天然喀斯特地貌建设巨型望远镜，一方面受益于祖国得天独厚的地质环境，另一方面也离不开所有参与者的严谨态度与奉献精神。对于一项大科学工程而言，这些成绩仅仅是迈出了一小步。课题组成员踏遍群山洼地的时候，天文学界前辈也在时刻关注着项目进程。天文专家们认为我们的 LT 计划不应是对阿雷西博射电望远镜的简单复制，而要有突破。

　　阿雷西博射电望远镜被誉为 20 世纪射电望远镜之王，但其不足之处也同样明显。虽然其口径超过 300 米，但它的反射面为固定球面，天体信号经球面反射聚焦呈线状，使其馈源装置异常复杂笨重。而且，阿雷西博望远镜只能通过改变馈源舱的位置对空中的一个窄带区域进行观测，可视天顶角只有 20°，观测范围有

· 刚刚建成的阿雷西博射电望远镜 ·

限。阿雷西博望远镜的馈源装置是由 3 座百米混凝土塔支撑、18 根钢索悬挂的三角形钢制结构，下方安装环状轨道和曲臂导轨用来控制馈源的空间位姿，轨道上的圆屋里安装了接收机和用来修正球面反射相差的第二、第三反射面。整个馈源支撑系统体积大、成本高、活动区域有限、自重近千吨，支撑结构出现问题的时候难以维修，还遮挡了部分电磁波的接收，影响望远镜工作效率。

· 阿雷西博射电望远镜馈源结构 ·

如果照搬阿雷西博望远镜的馈源支撑方案，我们大射电望远镜的馈源装置将是重达万吨、跨度覆盖直径 250 米圆、悬挂在 150 米高空的大型结构，这样的结构除了造价昂贵、维护困难外，依然存在和阿雷西博望远镜一样的观测天区狭窄，馈源装置遮挡电磁波等弊端。构想是美好的，可无论是技术可行性、运行安全性还是材料和施工成本，都让科学家们望而却步。

大脑充电站：天顶角

　　光线（或射电波）入射方向与天顶方向的夹角。该角度越大，意味着望远镜具有越大的观测天区。

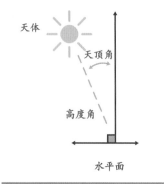

这个看似不可能的构想并没有吓退课题组成员，因为科学史上的种种创新式发明和发现都昭示，奇迹往往都诞生于不可能之中。1995年在贵州举办的LT计划国际会议上，他们向与会的全球科学家提出了超大口径射电望远镜的构想并征询可能的馈源解决方案。天文学家遇到技术瓶颈的时刻，却给我们的结构和机电专家们提供了大显身手的机遇。

很快，国内一家高校团队提交了"索驱动线状馈源"方案。应对LT课题组提出的超大口径望远镜馈源支撑系统过大、过重、过繁的难题，该团队提出了"化刚为柔""以软件代硬件""以机电一体化取代纯机械控制"的方案：3座百米高塔悬挂、驱动3组钢索，拖动中间的线状馈源，使馈源装置的位置和姿态与反射焦线吻合，达到准确接收反射射电波的目的。这个方案一经提出，就让与会的国内外专家们眼前一亮，称其为"大胆的创新"。

此方案的优势显而易见，轻型索驱动精简馈源代替钢索固定馈源平台大大减轻了整个馈源支撑系统的自重和成本，提高了馈源装置的空中灵活性，同时解决了遮挡电磁波的问题。但由此产生的新问题同样明显而棘手：数百米长的柔性钢索无可避免地会受到风阻和自身振动的影响，能保证天文观测的定位精度要求吗？

最初的方案引出了众多的技术难题，但索驱动的模式被学者们普遍认可，为接下来的漫长预研究工作确定了方向。此后不久，另一家高校团队提出了移动小车馈源支撑方案：4座高塔悬挂两对正交索道，地面数辆小车通过牵引索拉动馈源装置在索道上滑动，以达到空中定位。

两个团队双线发力，将构想付诸试验：缩尺模型从2米做到5米，再到20米和50米；馈源支撑系统的布局和构型方案经历了3塔6索方案、4塔10索方案、6塔9索方案等；塔材质从木棍、钢架到混凝土。办公室里、广场上竖起的像玩具一样的装置让人疑惑，这些教授、博士们在搞什么？

仅靠几根大跨度悬索很难满足馈源跟踪精度的要求，精度问题不解决，再好的构想也形同虚设。也许从第一个大胆创新诞生开始，课题组就意识到他们走在

· 移动小车方案试验现场 ·

大脑充电站：AB 轴转向机构和 Stewart 平台

　　AB 轴机构是绕正交的 A、B 两轴进行旋转来调整馈源接收机倾角的机构。AB 轴机构控制系统接收地面系统发来的下平台期望轨迹，控制 AB 轴机构实现 −18° ～ +18° 的角度变化，以满足馈源接收机姿态的初步调整。Stewart 平台是基于空间机构学技术，由上下两个平面（分别为静平台和动平台）连接 6 个伸缩杆的并联机器人装置，通过算法控制 6 个伸缩杆不同的伸缩量，实现动平台的 6 个自由度运动，对动平台的位姿进行精密调整。Stewart 平台在航空、航天、海底作业、地下开采、制造装配等行业有着广泛的应用。

一条无比艰难、无人走过的道路上。"无先例可循"这几个字既是一座大山，又是激励中国科技人敢为人先的动力。多学科合作就是创新路上继续前行的保障。最终，通过多家高校和科研机构共同技术攻关，团队引入了 AB 轴机构和 Stewart 平台解决了位姿和定位精度问题。

AB 轴机构和 Stewart 平台的引进使馈源支撑系统形成柔性索驱动、精调平台两级调整的工作模式，从而解决了柔性索驱动馈源舱空中定位和姿态不精准的问题。通过双方案并行研究，多单位通力合作，不断试错、升级，馈源支撑系统最终形成了 6 座支撑塔、6 根悬索、馈源舱、舱停靠平台、防雷及电磁兼容构成的一整套大跨度、超轻型、高灵活度、高精度的柔性索牵引并联机构。

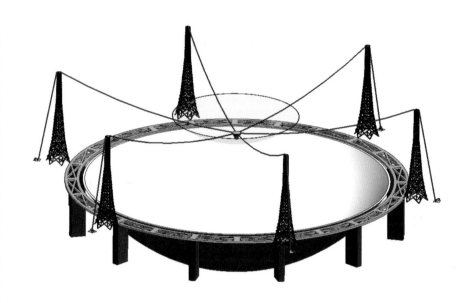

· 6 塔 6 索并联机构示意图 ·

支撑塔是馈源支撑系统的主体承载结构。6 座支撑塔高 112 ~ 173 米不等，等间距分布在以望远镜中心为圆心的 600 米直径圆周上，以大窝凼洼地为钟表盘，正北方为 12 点方向，依山势而建在 1H（小时）、3H、5H、7H、9H、11H 位置。

6 根直径 46 毫米、每根长 600 余米的柔性钢索连接塔基处的卷扬机、塔底导向滑轮、塔顶导向滑轮和馈源舱，组成 6 塔 6 索并联支撑、控制的馈源支撑系统。该系统可控制馈源舱在 140 米高空、直径 206 米范围内的精确定位，是迄今世界上建成的最大索牵引并联机构；实现了馈源舱轻型化，将馈源舱平台的重量从万吨降到 30 吨，极大地降低了馈源舱支撑结构的重量和尺寸，突破了射电望远镜中馈源与反射面固定的刚性支撑模式。

此外，由于该系统在工作状态中 6 根钢索需要调整长度，这就意味着沿钢索布置的，用于馈源舱供电及信号传输的电缆和光缆也处于动态中。团队科学家们设计了一种窗帘式的入舱方式：电缆和光缆通过数十个滑车挂在钢索之上，在钢索长度发生变化时，滑车间距将随之调整。窗帘式的缆线入舱机构解决了大跨度、变长度的电力与信号传输通道难题，并研制出性能远优于国军标要求的大芯数、高抗弯性、运动过程中低信号衰减的 FAST 动光缆，解决了动态运行光缆的弯

· 馈源支撑系统总览 ·

· 支撑塔及电缆和光缆的"窗帘式"入舱方式 ·

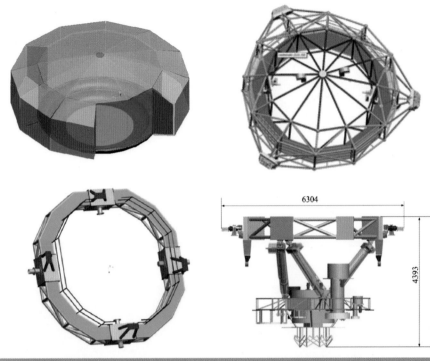

· 保护罩、星形框架、AB 轴机构、Stewart 平台 ·

曲疲劳和信号衰减问题。

　　馈源舱是整个望远镜的核心机构，除了作为馈源接收机的安装平台外，还担负着馈源位姿的二次精调任务。从其自身来说是个集结构、机构、测量、控制等相关技术于一体的多变量、非线性、极复杂的耦合多体动力学系统，馈源舱与望远镜各大子系统（反射面、测量与控制、接收机与终端）的工作息息相关。因此馈源舱的最终方案也是经过多学科配合预研究，反复设计、修改、模拟，在成本、质量、尺寸、功能性、安全性和高效率多重维度之间寻求最优解。团队科学家们也在这种"构想—实验—认识—优化—新构想"的循环之中逐渐建立了可靠的创新模式和不惧失败的信心。

　　馈源舱直径 13 米、高 4.8 米、重约 30 吨，由保护罩、星形框架、AB 轴机构、Stewart 平台、馈源接收机接口装置等主要单元，以及监测、防雷、配电、维修、

消防、照明等配套单元构成。相比 500 米口径的望远镜，这个十多米的小家伙显得并不起眼，但这也体现了其先进之处，是科研团队十几年努力才实现的，可以说正是其小才成就了 FAST 之大。

轻型索驱动馈源支撑平台工作原理为：根据目标天体辐射经反射面汇聚后的焦点坐标，利用卷索机构控制 6 根 600 余米的柔性钢索，支撑并驱动馈源舱在反射面上空 140 米高、直径约 206 米的范围内运动，将馈源定位到瞬时抛物面焦点附近，完成第一级调整；同时用 AB 轴机构辅助调整接收机姿态，使馈源指向瞬时抛物面中心方向，舱内精调平台 Stewart 并联机构实时补偿馈源舱受外界干扰因素引起的位置误差，完成第二级调整，实现馈源的精确定位和指向，保证最后位置精度 ≤ 10mm，角度精度 ≤ 0.5°。

另外，反射面中心开口处位置还将建设直径约 13 米、高 5 米的舱停靠平台，用于馈源舱的装配、停靠、维护、检测。

· 馈源舱及其停靠平台 ·

◎ 电磁兼容

轻型索驱动馈源支撑平台在尺寸、质量、工作模式、综合性能各个指标上全面超越了阿雷西博射电望远镜，但也遇到了射电望远镜建造的另一大难题——电磁兼容。

> **大脑充电站：电磁兼容**
>
> 电磁兼容性（EMC）是指设备或系统在其电磁环境中符合要求运行并不对其环境中的任何设备产生无法忍受的电磁干扰的能力。EMC包括EMI（电磁干扰）及EMS（电磁耐受性）两部分，EMI为机器本身在执行应有功能的过程中所产生不利于其他系统的电磁噪声；EMS指机器在执行应有功能的过程中不受周围电磁环境影响的能力。

由于射电望远镜的捕获目标射电波极其微弱，环境中的电磁波干扰往往是影响望远镜观测结果的首要因素。而射电望远镜本身的各种机电设备在运行时也必将产生电磁波辐射，这些干扰对望远镜重要指标——灵敏度的影响是致命的。团队设计的馈源支撑方案比传统射电望远镜的结构更加复杂，这就意味着在电磁兼容方面面临更严峻的挑战。

索驱动系统包含大功率驱动器、电动机和测量传感器，其运行期间将释放大量电磁波，且因为钢索收放而需在机房开口，只安装常见的电磁屏蔽装置不能达到屏蔽目的。团队科学家们设计了多物理区域指标分区方案应对复杂的电磁兼容要求。除了不同区域设计为不同级别的屏蔽指标，科学家在索驱动机房这个重点区域设计了一种迷宫似的结构加在电机的传动轴上，使设备产生的电磁波逐步衰减，最终达到了防止电磁波外泄的目的。支撑塔顶的平台上为监测滑轮安全要安装摄像头，这个小小的装置造成的电磁干扰也无法忽视。科学家们研发出一种夹着细到肉眼不可见的金属丝的双层玻璃板，既保证了摄像头正常工作，又巧妙解决了电磁兼容的难题。

比起索驱动系统，馈源舱结构复杂、机电设备更多，而且距离馈源近在咫尺，其电磁兼容标准就更高。针对馈源舱的复杂特性，科学家们设计了不同的屏蔽方法。首先在舱外，采用了0.8毫米厚的不锈钢板与星形框架无缝连接，形成一整个屏蔽导体。其次，在设备多样的舱内，一方面将其分为三个隔间分别实施不同级别的电磁屏蔽措施；另一方面，根据不同属性，对电线、信号线、驱动器、电机、定位器、摄像机等设备设计了不同的屏蔽方案。最后，特殊的活动机构如Stewart平台，则采用双层屏蔽布加防雨层的设计，既达到屏蔽标准又要满足其运动和安全需求。

借助团队科学家们的智慧、严谨和统筹能力，馈源支撑系统的电磁兼容解决方案在前所未有的复杂场景中采用分区域、分级别、动静结合的方法，为大射电望远镜的可靠性、安全性和高效能提供强有力的保障。团队在电磁兼容方面实现的屏蔽效能超越国家电磁屏蔽标准，获得多项技术专利，这些成功经验在航空航天等对电磁兼容要求极高的领域必将继续做出亮眼贡献。

电磁兼容项目容易被普通人忽略，但对射电望远镜性能的影响却无比重要。除了馈源支撑系统以外，整个射电望远镜的每个子系统，几千台套设备，每段线缆，每个电机，每部产生电磁波的装置，都要面临不同的、复杂的甚至无先例可循的电磁兼容解决方案。一个设计结构的创新，一种布线方式的改进，一部机电设备的更换，都将使其电磁兼容方案随之改变。

每一项科学创新过程都是艰难的，也是无比美妙的。为了解决一个难题产生的创新，往往会引出更多不可预料的新难题，继续攻坚克难的过程中又会产生新的创意。从LT中国课题组提出的300米到500米的一个物理增量开始，越来越多的科学家和科研团队加入其中，抽丝剥茧般解决一个个新出现的难题，集合了天文、机械、结构、电气、通信、测量、自动控制、计算机等十多个学科的科技成果，从概念提出、理论论证、技术革新、仿真模拟、缩尺模型、试验验证一路走来，最终破茧成蝶。作为中国大射电望远镜自主技术创新之一，世界上最大的索牵引并联机构，以及馈源舱内两级调整机构组合，轻型索驱动馈源支撑系统的科研成果不仅使 FAST 梦想成真，还将广泛应用于空中监测平台、起重、机器人标定、海底打捞、运动相机等工程中。

大脑保健操 **04**

1. 阿雷西博射电望远镜的馈源支撑系统最大的弊端是什么?

2. FAST 项目 6 座支撑塔均匀对称分布设计只是为了美观吗?

3. 你能举出 Stewart 平台在生活中的应用吗?

第五章 接收·终端

◎ **超宽带·多波束**

轻型索驱动的馈源支撑平台灵动而复杂，使我们的大射电望远镜比阿雷西博射电望远镜身姿更轻盈、运动范围更广，与之匹配的接收机和终端系统也因此获得很大的创新空间。接收机性能直接影响望远镜的灵敏度，如何高效地接收和处理射电波决定了望远镜的科学产出能否又快、又多、又好。馈源舱的主要职责是将馈源精准定位在主焦点上，接下来就要由馈源接收机来完成下一个工作：对主反射面汇聚电磁波的接收、低噪声放大、频段选择、混频，再将中频信号传输至地面观测室并进行相应的数据处理和存储等。

射电望远镜收集的射电波来自遥远的天体辐射，其形态为球面波。但因为距离太过遥远，球面波到达地球时可以近似视为平面波。经过反射面的反射，射电波将汇集于焦点处，使得科学家可以用馈源接收机将射电波收集起来以做研究。

馈源舱下方搭载的一个重要装置是馈源。通俗来讲，馈源就是个电磁波收集器。

> **大脑充电站：馈源**
>
> 馈源是高增益聚焦天线的辐射收集器，对经反射面反射而来的电磁波进行接收，分离为两个正交极化方向的电磁波，并进行阻抗变换，使馈源中以圆波导传播的电磁波变换成以同轴线或矩形波导传播的电磁波。

与馈源交接工作的是接收机，根据不同的科学目标，团队科学家们设计了不同的馈源和接收机。与各个子系统一样，馈源接收机的设计、制造、检测、安装、调试也经过漫长的改进与优化。FAST 最终采用不同频段的 7 套接收机，覆盖范围为 70MHz ~ 3GHz。其中应着重说明的是 270 ~ 1620MHz 频段采用的超宽带馈源接收机，和 1050 ~ 1450MHz 频段采用的 19 波束接收机。

· 馈源舱底部接收机 ·

接收机号	频率覆盖 [MHz]	带宽 [MHz]	波束数目	系统温度单位	是否制冷
B01	70 ~ 140	70	1	约 1000	否
B02	140 ~ 280	140	1	约 400	否
B03	270 ~ 1620	1350	1	约 120	LNA 制冷
B04	560 ~ 1020	460	1	60	是
B05	1200 ~ 1800	600	1	25	是
B06	1050 ~ 1450	400	19	25	是
B07	2000 ~ 3000	1000	1	25	是

· FAST 七套接收机覆盖频段 ·

FAST 建成后的调试、运行中主要使用 270 ~ 1620 MHz 超宽带馈源接收机，其较大的覆盖频段和带宽可以同时接收更宽波长范围（20 厘米 ~ 1 米）的天体信号，有利于获取更丰富的天体信息。在 FAST 初期搜寻脉冲星的过程中，屡立奇功。

如今，FAST 的"主战武器"则是工作于 L 波段的 19 波束接收机。L 波段是指频率在 1000 ~ 2000 MHz 的无线电波波段，是世界射电天文学界最为关注的一个频段，因为 21 厘米谱线对应的频率 1420 MHz 就在这个范围内。

大脑充电站：21 厘米谱线

又被称为氢线，是指由中性氢原子超精细结构跃迁产生的射电谱线，在射电天文学中具有极大研究价值。

在天文学家们关注的天体结构、宇宙演化、探索地外文明等诸多前沿研究领域中，21 厘米谱线都是核心数据。因此全球各地的射电望远镜着重针对 L 波段设计了匹配的馈源接收机，从单波束到多波束，不一而足。FAST 研制的 19 波束接收机在性能和视界上都处于领先地位。

19 波束馈源接收机在阿雷西博射电望远镜的 7 波束接收机基础上，增加了 12 个单波束馈源接收机，并以六边形紧凑排布，形成了直径约 1.5 米、总重量达 1.2 吨的大家伙。因其显而易见的数量优势，与单波束馈源相比，19 波束馈源接收机的观测效率提高了 19 倍。这个巡天利器让 FAST 如虎添翼，除了提高效能，还可以借此设计更多的科学目标和更丰富的工作模式。

FAST 观测时，根据观测计划将相应波段的馈源移至主反射面焦点，接收汇聚的射电波。馈源接收到的信号经极化器分解为相互正交的两路偏振信号。这两路信号分别进入后续的低噪声放大器。低噪声放大器在引入尽量小的噪声和不失真的情况下将信号放大到足够的倍数，使后续电路的噪声贡献基本可以被忽略。被放大的信号通过滤波器选择所需的频段。滤波后的信号被后续的射频电路调整到合适的功率后，输入到数字后端进行采样并按天文数据格式存储。之所以要经过如此复杂的收集、整理、筛选、放大、转换程序，原因在于射电波能量太过微

· L 波段 19 波束接收机 ·

弱，只有经过不断放大信号和排除干扰，其信号才能被检测仪器识别。天文学家曾形象地比喻：射电天文学开创之后几十年间接收到的射电波能量总和不过相当于落在地球上的几滴雨滴。但正是这微乎其微的能量，让天文学家窥探到更深奥的宇宙奥秘。

◎ **数据处理 · 识图寻星**

相比于光学望远镜常见的观测和拍照成像等研究方式，射电天文学家的工作既不直观也不浪漫，他们通常不仰望星空，而是埋头处理数据。微弱的射电波经过一系列复杂的过程变为了数字信号，再转换为图像或音频的形式，呈现于我们面前。以脉冲星的研究历史和方法为例，我们将领略这个奇妙的过程。

脉冲星的搜寻方法是利用其规律发出脉冲信号的特性，在射电望远镜收到的海量信号图谱中拣选出来作为候选样本，再经过后续交叉观测验证方可被确认为一颗未被发现过的新脉冲星。那么，脉冲星候选样本的分类筛选方法就是保证科学产出的关键。随着观测样本的剧增和望远镜硬件软件以及数据处理技术的升级，脉冲星的候选样本分类方法也经过了人工识别到机器识别的进化。

第一颗被人类发现的脉冲星 CP 1919 就是人工识别的成果。1967 年，乔瑟琳·贝尔在 120 米长的频率图谱记录纸上，凭借细心和严谨的科学态度发现了 0.5 厘米宽的异常脉冲波形。

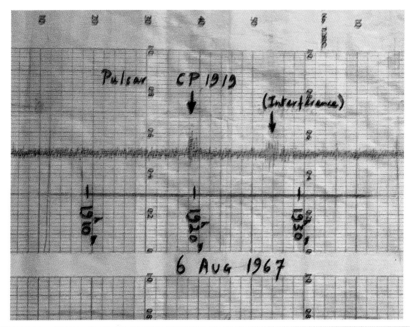

·乔瑟琳·贝尔首次发现脉冲星信号的图表，当时该脉冲来源被临时称为"小绿人 1 号"·

有一张来自论文的插图比上图更为出名，它由这颗脉冲星的一百多次连续脉冲波形叠加而成。出乎意料的是，这个类似连绵山脉的奇怪图形迅速引起了大众的关注，并在音乐、艺术、商业等和天文学完全不相干的领域不断被演绎，成为一种极具神秘感的流行符号。

Pulsars
Discovery

The possibility that the degeneracy pressure of neutrons might stabilize a self-gravitating object was first noted in the 1930s by L.D.Landau and F.Zwicky. W.Baade and F.Zwicky emphasized that they might exist as the stellar remnant of a supernova explosion. Interest in neutron stars was aroused by the discovery of X-ray stars in 1962. Because a neutron star is so small (radius of 10 km), in order to radiate energy at a rate comparable to the Sun it needs to have a much higher surface temperature, namely several million degrees. Radiation emitted by material at such a high temperature is X-radiation. It was thought at the time that some of the X-ray stars might be hot, cooling neutron stars. However the variable luminosity of these stars made this hypothesis inconclusive.

The situation changed dramatically with the discovery of PULSARS (pulsing radio sources) in late-1967 by astronomers at the Cavendish Laboratory, Cambridge. The first pulsar to be discovered, CP 1919 (an abbreviation for Cambridge pulsar at 19 hr 19 min right ascension), is a radio source which flashes regularly every 1.33730 seconds with each flash lasting only 50 milliseconds. In fact, the flashes are so regular that the pulsar could be used as a clock that is accurate to one part in a hundred million. Since then many more pulsars (about 200) have been discovered, with periods ranging from four seconds down to the pulsar in the Crab Nebula which has a period of 33 milliseconds. This last-mentioned pulsar is of special importance, since it proved beyond all reasonable doubt that pulsars are magnetized neutron stars; the regularity of the pulsed radio signal is provided by the rapid rotation of such stars and only a neutron star can rotate that rapidly (figure 6.7).

The Crab pulsar

The supernova that created the *Crab Nebula* was observed and recorded by oriental astronomers in 1054 AD. The radio, optical and X-ray emission from the nebula itself is highly polarized, indicating that the radiation is emitted by the *synchrotron process*. In a given magnetic field, the more energetic an electron, the higher the frequency of the synchrotron radiation it emits and the faster it loses its energy. The high-energy electrons that give rise to the X-radiation from the nebula, lose their energy within 10 years. This means that there must be in the nebula a source of high-energy electrons that is still operative some 900 years after the supernova explosion. It is this source of energy which provides the necessary 10^{31} watts to keep the nebula alight.

One star in the remnant, known as Baade's star and long thought to be of some significance on account of its odd spectrum, was identified as the pulsar in 1969. The star is also seen to pulse at optical frequencies and X-ray energies at the same period of 33 milliseconds. The period is slowly getting longer at a rate such that the interval between successive pulses is about one part in 10^{12} greater than the preceding one.

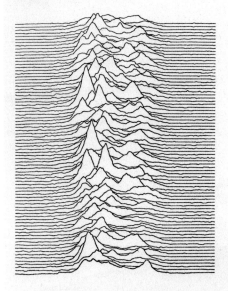

6.7: *Successive pulses from the first pulsar discovered, CP 1919, are here superimposed vertically. The pulses occur every 1.337 seconds. They are caused by a rapidly-spinning neutron star.*

第五章 接收·终端

· CP 1919 的脉冲信号叠加图 ·

　　如此经过叠加处理的图像可以被普通人直观感受，也是天文学家初期研究中常用的识别手段。后来，科学家们采用更专业、更丰富的图像处理方法。其方法的原则就是去除干扰、放大典型特征。

　　根据不同的目的和参数选择，射电波信号转换为图像的种类大致为：脉冲轮廓曲线图、时间－相位图、频域－相位图和色散曲线图。脉冲轮廓曲线图（下图中顶部）最为直观，利用脉冲星的周期性特点，折叠累加所有信号强度而得，相当于概览图。如果是脉冲星信号，会在每个周期内形成一个或多个明显的波峰；时间－相位图（下图左下部），通过累加信号在不同频域的数据而得，反映的是信号在观测时间内的强度。如果是脉冲星信号，在观测时间内，会形成与波峰位置相对应的竖直线；频域－相位图（下图中下部），通过累加信号在观测时间内的数据而得，反映的是信号在不同频率下的强度。如果是脉冲星信号，会在大部分频率内形成波峰相对应的竖直线；射电波在经过星际介质时，会产生类似光线一样的色散现象，科学家在收到信号后要进行消色散工作。色散曲线图（下图右下部）反映的是使用不同色散值进行消色散时，脉冲曲线信噪比的变化情况。当使用正确的色散值进行消色散时，脉冲信噪比达到最大。如果是脉冲星信号，曲线呈钟形。

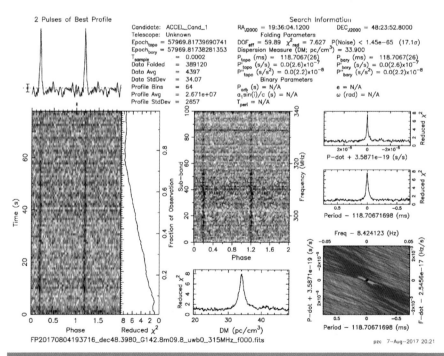

· 一颗脉冲星候选样本的几种典型图像示例（2017 年 8 月 FAST 观测数据）·

对于早期的射电天文学家来说，根据上述特征，识图寻星是比较有效的手段。但随着脉冲星样本数量级的提升，纯粹依靠人工分类筛选的办法效率极低，于是科学家们发展出人工和软件相结合的半自动分类方法。

基于脉冲星某几种特征做出限制条件，利用软件进行初步分类，再用人工识别捕获目标，大大提高了工作效率。由于方法的革新，一些业余天文爱好者乃至中学生，都可以参与到识别脉冲星的工作之中。21世纪以来，脉冲星发现者名单上已经有数位高中生的名字。可是随着射电望远镜的发展，脉冲星样本的数量级从几百、上千逐级暴增，半自动的分类筛选方式也显得越来越吃力。FAST运行初期，团队科学家发现第一颗脉冲星就是靠每天浏览上万张谱线图找到的，其工作量和困难度不亚于乔瑟琳·贝尔翻阅长长的记录纸。

即便有了软件辅助，人工识别的主观性、误差率和遗漏率仍会导致工作效率和样本数量无法匹配。如今，计算机软硬件、网络技术及人工智能技术的不断进步，使人类在各种领域解放人工、提升效率成为可能。开发更可靠、更高效的算法，让机器具备学习能力，极大提高脉冲星候选样本分类筛选的准确度和处理速度，是射电天文学家和计算机专家共同的努力方向。

除了脉冲星，FAST团队在其他科学目标上也设计了不同的馈源接收机、终端处理方式以及望远镜工作模式。随着科技发展，FAST接收机和终端系统在硬件和软件方面仍有很大的提升空间。

从脉冲星被发现到拓展研究，乃至射电天文学创立以来的短短几十年历史中，我们不难发现，一项科学事业的发展绝不仅仅依靠偶然事件和灵感爆发，更有赖于科学家们严谨的工作态度、探索未知的极度渴望和精益求精的追求。对20世纪末的中国大射电课题组而言，正走在追求望远镜性能更高的路上。

轻型索驱动馈源支撑平台的创新应用，极大地降低了馈源舱支撑结构的重量和尺寸，突破了射电望远镜中馈源与反射面固定的刚性支撑模式，其功能和造价均可满足FAST团队的需求。但美中不足的是，仅有这项创新仍然没有彻底解决如阿雷西博射电望远镜一样的局限性，即观测天区固定、球面反射不利于成像。大口径球面不可动，全可动抛物面做不大，看似互相矛盾的两种射电望远镜模式有没有可能合二为一呢？有没有可能变球面为抛物面呢？在专注于选址、馈源支撑系统和接收机与终端系统创新研发的同时，最终成就FAST的另一个技术创新工作，也在紧锣密鼓地进行。

大脑保健操 05

1. 19 波束接收机为什么排列成六边形?

2. 数字信号相比模拟信号的优势是什么?

3. 脉冲星发出的电磁波怎么才能被人类"看到"或"听到"?

第六章 反射·索网

◎ 一个构想·两种方案

馈源支撑方案可谓大胆，那么另一项自主创新——主动反射面技术则堪称绝妙。在国际大射电望远镜（LT）方案的探讨中，对 LT 基本单元的要求是低造价、大天区覆盖、宽带及偏振观测，阿雷西博的设计方案显然难以满足这样的要求。FAST 团队经过测算，发现在一定的焦比下，在 500 米口径球面（球半径 300 米）上完成 300 米照明口径抛物面的变形，径向最大位移仅为 0.5 米左右。据此，团队科学家提出了采用主动变位方式的反射面建设方案，该方案不但满足 LT 基本单元的要求，而且由于变位为抛物面的反射面可以实现点聚焦，还简化了馈源的设计，避免了复杂笨重的线状馈源。

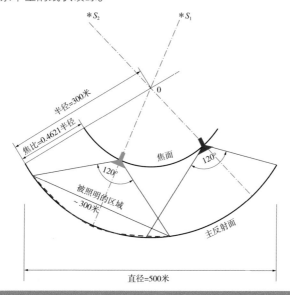

· 反射面变形区域的示意图 ·

构想固然绝妙，但由此产生的困难也超乎想象。首先，FAST 反射面面积巨大，相当于 30 个标准足球场，其支撑结构属于巨型空间结构，结构本身就是对我国土木工程技术的巨大挑战；其次，FAST 的超高精度要求、主动变位工作模式，也是远超工程技术规范，独一无二的，无任何工程先例可供借鉴；最后，使用轻型柔性支撑的馈源舱，馈源支撑系统与反射面之间在结构上相互独立，如果反射面采用主动变形技术，就意味着整个望远镜系统要实现跟踪观测，必须对馈源和反射面同时进行精准的实时动态控制。可这个构想一旦成功，我们的大射电望远镜将有质的飞跃。在天文台的大力支持下，课题组义无反顾地开启了主动反射面技术研发。

> **大脑充电站：照明口径**
>
> 　　描述馈源能够接收反射电磁波的范围，即有效接收面积的口径，比拟为以馈源为光源照亮的区域，称为照明口径。照明口径越大，接收的电磁波能量越多，射电望远镜灵敏度和效能越高。

　　FAST 创新工程概念的核心是主动反射面，课题组构思了两种主动反射面的技术方案：机械分块式结构和整体索网结构，并分别进行了理论分析与设计。初期的分块式刚性单元主动反射面设计方案：整个反射面由 2000 块左右，尺度约 15 米的六边形单元拼合而成。单元背架采用网架结构，并铺设铝板或钢丝网反射面。每块单元由 3 个促动器支撑，每个促动器连接相邻的 3 个单元，通过调节促动器的伸缩来实现反射面的变位。这种方案结构简明，但也有很多缺点，比如：FAST 所处的大窝凼虽然是综合性能第一的台址，但天然的喀斯特地貌仍然有着复杂的地形变化，地表到反射面的距离从 3 米到 60 米不等，要想采用刚性方案，要么设计不同长度、不同规格的促动器，要么进行大规模填方，显然都将大幅增加建造和维护成本；另外，单元背架结构自重较大，使得促动器工作载荷很大，对促动器工作性能要求很高。从安全和成本角度考虑，另一种基于整体张拉的柔性索网结构设计方案应运而生。

　　受阿雷西博望远镜反射面支撑结构的启发，团队提出了采用柔性索网结构作为反射面支撑结构的设计方案：按照一定的网格划分方式编织成球面主索网，在主索网上铺设反射面面板，每个主索网节点均设有一根下拉索，下拉索下端设促动器，通过促动器锚接于基础，由促动器驱动索网变形来实现反射面的主动变位和对工作抛物面的拟合。这种设计方案可以很好适应喀斯特地貌的复杂地形，降低对洼地地形的要求；另外，索网结构自重轻，且促动器的工作状态由刚性方案的受压变为受拉，也极大降低了对促动器工作性能的要求，从而降低了反射面整体造价。

确定了索网结构方案，课题组随即展开对索网结构构型和支撑方案的理论分析。在综合考量数个方案后，团队选择了一种基于"柔性索网＋刚性分块单元"的方案。该方案的反射面单元设计为"刚性背架＋面板"，单元铺设在主索网上，通过连接机构与主索节点相连，并通过构造措施使反射面单元只作为一种荷载作用于主索节点，不产生附加应力。该方案受力明确，结构形式及节点构造均相对简单，背架形状容易控制，且可以将面板做成一定曲率的曲面，进一步提高反射面板对工作抛物面的拟合精度。

索网结构构型方式有很多，不同的网格形状有着不同的网格划分方式。常见的球面索网网格划分有三角形和四边形两种方式。团队科学家研究后认为三角形单元可以用来拟合任意曲面，有利于提高反射面的拟合精度。同时，三点确定一个平面，采用三角形网格能很好解决反射面面板的支撑问题。另外，三角形单元与四边形单元相比，形状稳定性更好，由其构成的球面索网面内形状比较稳定。因此，团队确定选择三角形单元网格划分方式。

确定好单元形状，索网球面三角形网格仍有多种划分方式，常见有三向网

· FAST 反射面支撑结构体系早期设计方案及试验模型 ·

格、凯威特型及短程线型等。三向网格比较适合矢跨比较小的情形，并不适合FAST。团队对凯威特型及短程线型的划分方式进行了分析计算，结果显示，在凯威特型网格划分方式下，在基准态（球面）下索力分布就极不均匀，而短程线型网格则可实现符合要求的基准态（球面）和工作态（抛物面）。在短程线分形原理分割球形反射面时，方式二对称性好，可减少主索及反射面结构的种类。最终，团队采用短程线方式二编织球面主索网，主索网在球面基准态具有五边对称的特性，主索长度基本在 11 米左右，每个索网节点通过一根径向的下拉索与促动器相连。

　　索网下拉索的布置方式对于主动反射面的实现非常关键，下拉索不仅仅是索网结构的一部分，更是索网结构实现变位的控制单元。下拉索的布置方式，决定着主动反射面的控制方式。另外，下拉索的数量越多，控制系统越复杂，建设成本及维护成本也越高。

　　FAST 项目组通过分析，重点研究了两种下拉索的布置方式：方式一，每个主索节点下设置三根下拉索；方式二，每根主索节点下只设一根下拉索。方式一可以控制主索节点的三向位移，使望远镜工作照明范围内每个主索节点沿基准球面径向变位到抛物面位置，没有切向位移。方式二只控制主索节点的径向变位，将

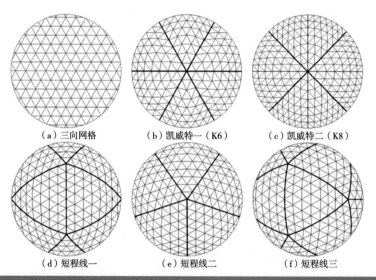

（a）三向网格　　　（b）凯威特一（K6）　　　（c）凯威特二（K8）

（d）短程线一　　　（e）短程线二　　　（f）短程线三

· 球面索网的三角形网格划分方式 ·

照明范围内主索节点调整到抛物面位置时，允许节点发生自适应的切向位移。仿真分析表明，方式二在变位过程中的应力响应更小。而且，考虑到 FAST 工作时，只要求反射面形成抛物面，并不关心各个节点的切向位移，方式二可降低反射面变位控制的难度，且可显著降低建设及维护成本。因此 FAST 整体索网结构采用单根拉索方案。

至此，FAST 又一项自主技术创新浮出水面，主动反射面结构和技术概念基本成型：采用柔性的索网结构作为反射面的主要支撑结构，刚性的面板通过连接机构连接在柔性的索网结构的主索节点上。每个主索节点下方设一根下拉索，下拉索的另一端通过促动器与地面上的基础固定。FAST 进行观测时，根据天体的位置，通过促动器拖动下拉索来控制索网变位，在 500 米口径反射面的不同位置不断张拉出满足观测要求的 300 米口径抛物面。可在 500 米口径反射面上移动的抛物面使得 FAST 能够跟踪观测天顶角 40 度以内的射电源。

◎ 圈梁·格构柱

索网是反射面的支撑结构，而圈梁和格构柱是索网的支撑结构。索网像个大网兜，圈梁就是支承它的钢圈。圈梁为高 5.5 米、宽 11 米、周长约 1600 米的立体桁架结构，由圆钢管和焊接异型构件组成，通过焊接球和节点板连接，支承于 50 根依边坡而建的不同高度格构柱上。为便于圈梁及格构柱的日常维护与检修，在圈梁和格构柱上还设置了马道与爬梯。

格构柱柱顶支承圈梁、柱底连接于基础，每根格构柱均为四肢柱。格构柱径向尺寸为 5.5 米、环向尺寸约 4 米，由工字形截面和圆钢管组成。考虑到 50 根格构柱高度不同，因其水平刚度的不均匀性将对整体结构受力有较大影响，设计人员采用了"环向约束、径向释放"的方案：圈梁放置在格构柱顶的滑移支座上，将圈梁与格构柱"脱开"，仅利用连杆约束圈梁与格构柱的环向位移。形象来讲就是格构柱"托"住圈梁而不是"抓"住它。

◎ 主索·下拉索·促动器

设计完成的索网结构由主索网和下拉索组成。主索网由 6670 根钢索采用 1/5

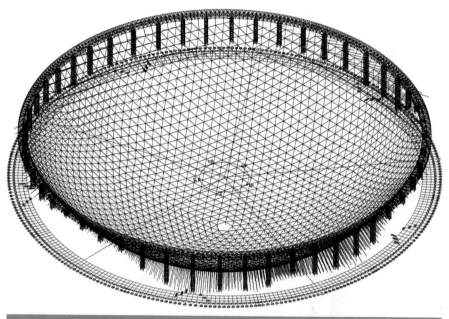

· 索网结构全景 ·

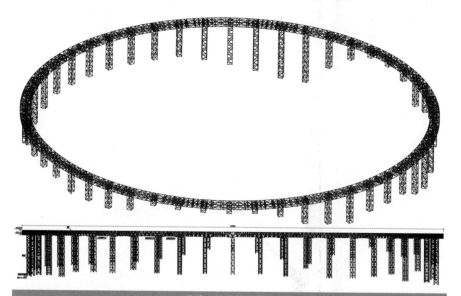

· 圈梁及格构柱示意图 ·

第

六

章

反射 · 索网

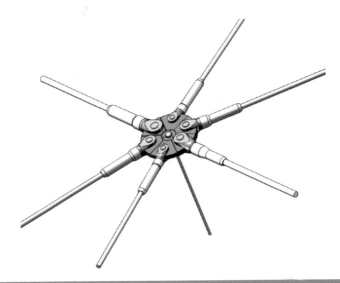

· 索网节点盘结构示意图 ·

对称的短程线型三角形网格编织而成，为简化索网与圈梁的连接构造，对与圈梁相连的主索网网格进行调整，使每个内部网格仅通过一根主索与圈梁连接，整个索网共通过 150 根边界主索连接于圈梁下弦的耳板上。除与圈梁连接的边界索节点外，主索网共计 2225 个节点，每个主索网节点均设有一根下拉索，下拉索下端设有促动器，通过促动器锚接于基础。由于地形变化，下拉索长度变化较大，大部分在 4 米左右，边缘处最长可达 60 米。主索与主索之间、主索与下拉索之间通过节点盘连接，通过下端促动器的伸缩来控制索网结构从基本态（球面）到各个工作态（抛物面）之间的来回变位。如此复杂、精密的反射面主动变形技术，与其说"牵一发而动全身"，不如用"动千索而定一身"更能贴切地形容其动作的优雅和美妙。

　　促动器是反射面主动变形的驱动装置，索网的变位是通过 2225 台促动器协同控制的，促动器的选型直接关系到变位抛物面的精度，进而影响到望远镜的观测效率。另外，如此大规模的促动器在野外环境下、高负载同时运行，出现故障是不可避免的，促动器的使用寿命、可靠性、易维护性也是选型中必须要考虑的问题。为此，FAST 团队进行了广泛的调研，分析了不同种类促动器应用于 FAST 的优

HENGLI HYDRAUL

142
754

下拉索和促动器

缺点。液压式促动器可以很好适应反射面的整体变形，做到促动器之间在功能上协调一致，安全可靠地实现主动反射面变形的根本目标，且可以方便地安装高精度、高可靠性的位移传感器，为 FAST 实现高精度测控提供了可能。经过多方面的考量，FAST 最终选择了液压式促动器，并完成了促动器的设计。

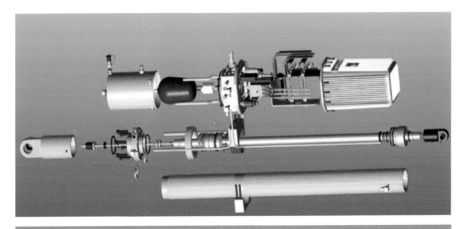

· 促动器机械结构布置 ·

促动器虽小，也体现出团队在创新设计方面的智慧。采用直驱式泵控单作用液压系统方案，既实现了促动器低延时的准实时通信和高精度位置控制性能，又满足低功耗要求；集封闭式铝制电气舱罩、导电 O 形密封圈、镀导电涂层、截止波导管等电磁屏蔽手段于一体的综合电磁屏蔽方案，使促动器满足 FAST 对电磁屏蔽性能的要求，并将促动器控制系统集成在封闭电气舱中，确保促动器控制系统野外长期稳定运行；采用集成式和轻量化设计方案，研制了机、电、液及光纤通信集成为一体的封闭式液压促动器，重量控制在 120 千克之内，便于高效安装、使用和维护。

◎ 反射面单元

采用"刚性背架 + 面板"方案的反射面单元用于接收来自天体的射电波，并将其反射汇聚给馈源，由背架单元、面板单元、调整装置、连接机构等构成。

4450 个反射面单元像拼图玩具一样拼接形成 FAST 的反射面。因每个反射面单元在反射面上所处的位置不同，其几何尺寸、倾斜角度、连接机构布置等不尽相同，4450 块反射面单元共有 372 种类型，其中三角形单元 4300 块，索网周边的四边形单元 150 块。四边形单元由于一边连接在圈梁上，基本不参与反射面的变位。三

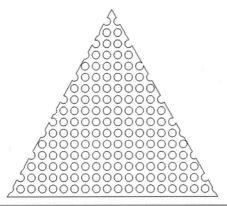

· 面板冲孔形式 ·

· 反射面子单元 ·

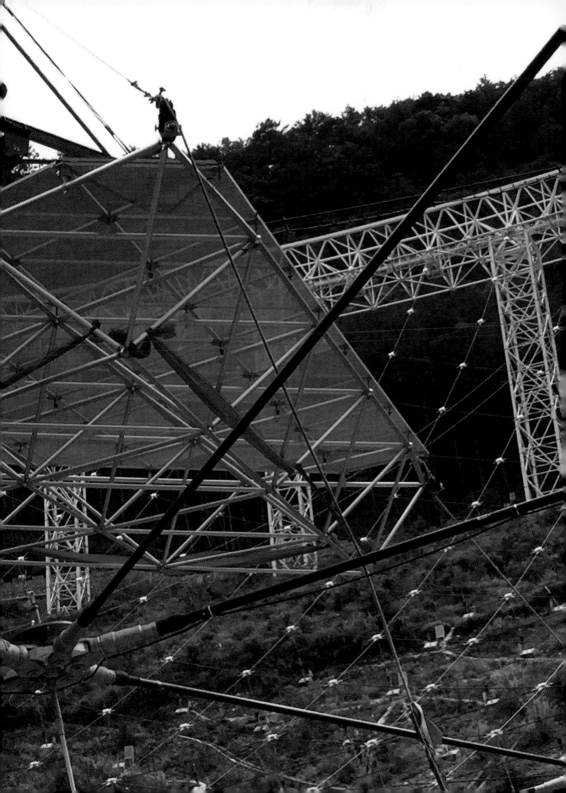

角形反射面单元的边长为约 11 米，单元的 3 个端部通过连接机构安装并约束于索网结构的节点盘上，形成静定结构。当反射面主动变形时，连接机构与节点盘可存在相对的滑动或转动位移，避免了单元背架结构产生附加应力，进而保障了单元结构安全。

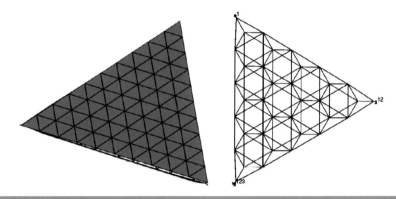

· 基本单元的整体模型 ·

　　三角形反射面高度约 1.3 米，面板为厚度 1.0 毫米的冲孔铝板，透孔率优于 50%，单元重 400 余千克，整个反射面总重达 2200 吨。反射面面板的孔洞设计在波长为厘米到米区间内的电磁波接收中不影响接收效果，而且大幅减轻整个面板重量，还能起到透雨、透风、透尘的功效，超高的透光率也能保证面板下方的植被光照充足、正常生长，从反射面安全、地基稳固和维护自然环境角度来看好处多多。鉴于此前监测到的大窝凼的气候气象特点，只需建设防冰雹炮站进行提前干预，即可保障反射面单元面板的基本安全。

　　从整个主动反射面系统来看，索网像个大网兜，反射面安装似拼图，下拉索和促动器控制的反射面变形动作如提线木偶，似乎就这么简单。但实际上，作为 FAST 的自主创新技术，主动反射面的研发过程一点也不简单。绝妙的构想和一项大科学工程建成之间，是众多科研工作者一二十年持续投入的心血。再一次化刚为柔，一系列大大小小的技术创新，FAST 人凭着智慧和勇气造就了世界上跨度最大、精度最高的柔性索网结构，也是世界上第一个采用主动变位工作方式的索网体系，没有任何其他索网项目能与之媲美。

· 反射面主动变形仿真示意图 ·

　　馈源支撑系统和主动反射面系统主体设计完成，反射面汇集射电波，馈源接收机来接收，数据传到终端处理，我们的射电望远镜是不是可以投入工作了？科学家们会说这还不够。望远镜要想可靠地运行，还需要一位"参谋员"和一位"指挥官"——测量与控制系统。

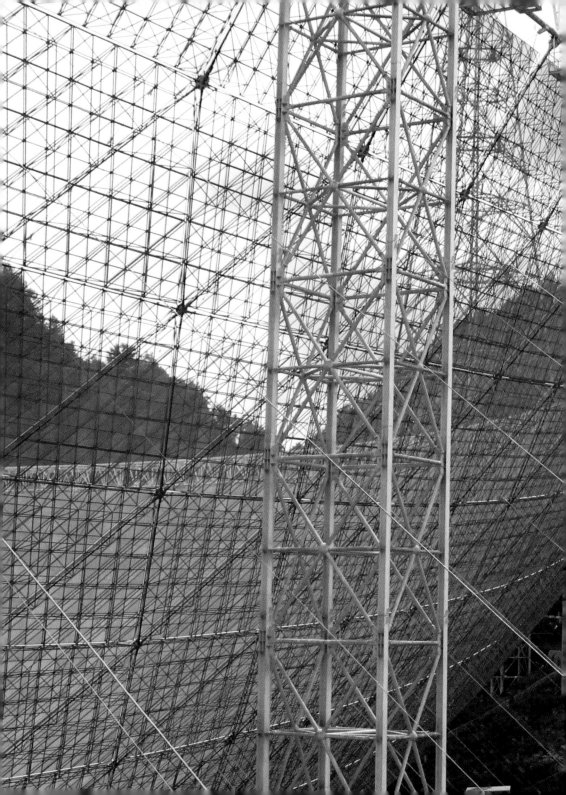

大脑保健操 **06**

1. 圈梁为何不能在格构柱上做径向约束?

2. 反射面(大锅)为什么是半透明的?

3. 反射面主体单元面形为何选择三角形?

第七章 测量·控制

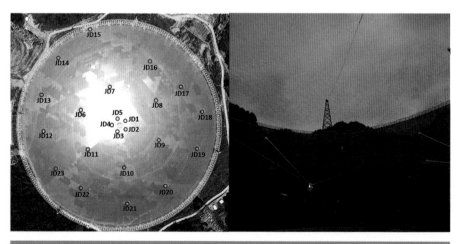

◎ 基准网·参考系

"参谋员"负责提供参考数据,"指挥官"下达指令,测量与控制系统对于任何一项大科学工程而言,都如中枢神经般重要,关系到设备能否安全、可靠、稳定地运行,更直接影响其科学产出效能。

射电望远镜的最终性能指标旨在追求高灵敏度和高分辨率。与一般射电望远镜的刚性连接和阿雷西博射电望远镜的准刚性连接方式不同,FAST 的馈源支撑系统和主动反射面系统并无连接,是两套独立系统。30 吨馈源舱需要在 140 米的高空、206 米的直径范围内实现优于 10mm 的定位精度,而 500 米跨度索网的面形精度控制则需要优于 5mm。馈源舱动态和反射面主动变形、连续变位的工作模式,使得 FAST 测控系统要在严苛的电磁兼容限制下,解决"实时精准"和"协调同步"的空前难题,实现望远镜的全天候运行。

这又将是一次"无先例可循"的硬仗,也是一场只许胜不许败的战役。战役打响前,"参谋员"和"指挥官"需要一份可靠的作战地形图——基准控制网。

控制指令需要测量数据支撑,数据采集必然基于一个参考系。基准控制网为 FAST 测控提供高精度时间和位置基准,是 FAST 测控的基础和先行工作。时间基准因有相对成熟的技术,较容易实现。要保证望远镜精度指标的实现,控制网的

· 控制网分布设计及测量系统工作场景 ·

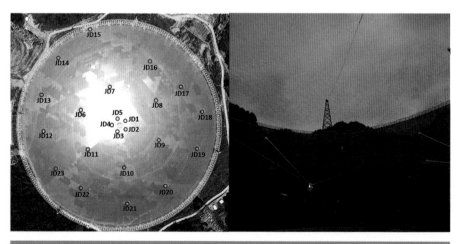

定位精度需要达到 1mm 以内。在复杂的野外环境下，实现控制网在公里级尺度下亚毫米级的定位精度，却是极具挑战性。

◎ 双靶互瞄·系统融合

　　团队首先针对基准控制网的问题开展研究，综合考虑地质环境、通视条件、结构物干涉、运行测量需求等条件限制，采用球面短程线构建三角网型方式优化设计了分布均匀、密度适当、高度适中的 23 个控制点（如前页图）组成的控制网，该控制网是望远镜两套独立系统测量与控制的统一参考体系，需要在公里尺度上实现优于 1mm 的定位精度。

　　FAST 地处野外山区，现场高差达到 300 米，大气折光误差比普通平原地区高近一个数量级，如果不采取特殊的技术方法进行修正，仅大气折射产生的误差在 500 米的尺度上就会达到 5mm 以上。此外，棱镜从不同角度入射产生的误差在 2 ～ 3mm，测量周期内温度和湿度的变化也会影响测量精度。FAST 要求控制网的定位精度是野外条件下大型工业测量领域极具难度的技术挑战，也是 FAST 实现精准测量与控制的基础性工作。

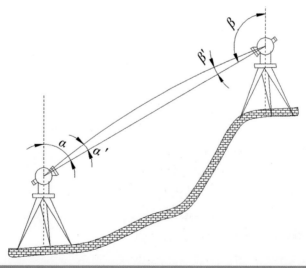

· 改正大气折射影响的对向双靶互瞄观测方法 ·

· 测量基墩 ·

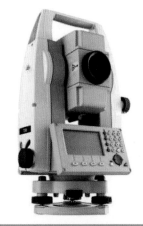

· 反射面节点盘上的棱镜靶标 ·　　　　· Leica 高精度全站仪 TS60 ·

每出现一个困难挑战就会逼出一项创新。由于现场巨大反射面的遮挡，水准测量设备无法使用，需要通过控制点之间的边角观测来确定控制点的平面位置和高程。为此，团队研制出双靶互瞄模式的自动化对向观测系统，巧妙地利用对视光路的大气折射路径相似特性，创新性地采用了对向组网并行互瞄的观测方法，消除了大气折光的显著影响；系统的全自动化设计实现了对控制网全自动的高效观测，将控制网测量周期由数天缩短至 30 分钟以内，基本保证测量周期内温度、湿度及气压的一致性，克服基墩温度、变形、周期等因素的影响；再引入实时动态的气象参数自动修正大气改正模型进一步提升系统精度。

由于现场地形条件的限制，控制点间的平均高度角为 30 度。利用对向观测天顶距闭合差检测可以发现，高度角存在 2 ~ 14 角秒的系统误差。即便完成对向观测平均后进行平差处理，残余的大气折光误差依然不能忽略。除此之外，观测中由于观测目标需要适应不同测站的对向观测，目标棱镜法向与观测方向不可能都垂直，由此造成了明显棱镜定位误差。现场观测数据表明由此带来高差最大误差为 3.5mm，距离最大误差为 0.45mm。

针对以上存在的问题，团队在实验室内通过实际测量建立了棱镜由入射角度引起定位误差的改正模型，并验证了不同棱镜之间有很好的一致性，模型改正后的定位精度优于 0.1mm。此外，在原有的天顶距常量误差和仪器测距常数误差基础上引入大气折光残差，将原来平面坐标和高程整体二维平差模型扩展为三维模型，整体求解系统误差和控制网坐标等参数。相比于传统的对向三角高程处理方法，高差残差由 1.1mm 提升到 0.2mm，精度提高了 5 倍以上，平面定位精度达到 0.3mm。

综合以上技术创新，FAST 团队最终将控制网定位精度控制在 0.5mm 以内，实现了复杂环境条件下的控制网高精度定位，是望远镜实现高精度测量与控制的基础性保障。

测量基准网为 FAST 建设中提供统一、高精度安装放样坐标数据；为 FAST 建成后调试、运行过程中天线的馈源及反射面静态、动态位姿测量提供精密的点位坐标基准。有了准确的测量基准网，科学家可以采用激光全站仪测量系统获得很好的静态测量精度，这对于采用独特控制方法的反射面控制来说是足够的。但 FAST 馈源舱在 140 米高空、直径 206 米范围内运动，动态精度要求达到 10mm 以内，且现场雨雾天气占比较大，传统的光学测量技术受限。

故团队在全站仪测量技术的基础上，引入卫星导航定位系统及惯性测量组件，发展了低速小范围模式下的 GNSS/IMU 融合技术，再结合卡尔曼滤波理论融合多种测量设备的测量数据，实现了不同技术手段之间的优势互补，最终研发出适用于 FAST 的新型多系统数据融合测量技术，解决了野外条件下高精度、高动态及全天候的测量技术难题。

馈源舱及其精调平台采用的位姿总体测量方案如下页图所示，馈源舱采用 GNSS/IMU 的组合模块进行测量，精调平台则采用 TPS(Terrestrial Positioning System，全站仪定位系统)/IMU 的组合模块进行测量。

由于馈源舱在天文观测工况下的速度、运动空间和振动频率等参数都显著低于传统航空目标特征，所以其 GNSS/IMU 组合模块的测量算法也有区别。团队利用优化 GNSS 更新速率、建立误差模型、推导误差传递关系等创新手段，设计出高精度的 GNSS/IMU 融合算法，满足了馈源舱位置精度优于 15mm，姿态精度优于 $0.1°$ 的测量需求。

在精调平台测量的 TPS/IMU 组合模块中，团队设计了将两种技术融合而实现高动态、高精度的测量方法。IMU 的高频稳定输出特性对 TPS 延时情况进行补偿，而 TPS 的长期稳定性反过来可以纠正 IMU 精度漂移问题。经测试该算法解算精度优于 5mm。

馈源舱与精调平台之间的连接机构刚度极大，变形基本可忽略，团队利用连

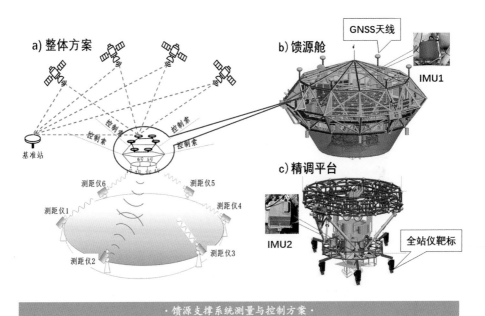

a) 整体方案

b) 馈源舱

GNSS天线

IMU1

基准站

控制索
控制索
控制索

测距仪6
测距仪5
测距仪1
测距仪4
测距仪2
测距仪3

c) 精调平台

IMU2

全站仪靶标

· 馈源支撑系统测量与控制方案 ·

大脑充电站: GNSS 和 IMU

GNSS(Global Navigation Satellite System，全球导航卫星系统）泛指所有的卫星导航系统，包括全球的、区域的和增强的，如中国的北斗卫星导航系统、美国的 GPS、俄罗斯的 GLONASS、欧洲的 Galileo 等，基于卫星测量为全球陆、海、空、天的各类载体提供全天候、高精度的位置、速度和时间信息。IMU（Inertial Measurement Unit，惯性测量组件）是测量物体三轴姿态角（或角速率）以及加速度的装置，作为惯性导航系统的辅助设备，实现组合导航，有效地减小随时间积累的误差问题。

接机构的运动行程实现馈源舱与精调平台之间的位姿相互推算，它使得两套测量系统可以互相备份冗余。当由于天气原因导致 TPS 无法正常工作时，可以利用馈源舱 GNSS/IMU 融合模块的测量结果向下推算得到精度平台位姿的估算结果，虽然精度会下降至 15mm 左右，但仍能保证大多数科学目标的观测需求。此处为了避免不同系统切换时系统误差引起的数据跳变，需要对数据源切换过程做平滑处理，保证控制过程不引起额外的振动激励。

团队充分利用 GNSS、IMU 和 TPS 等多种测量技术之间的优势互补特点，研发出新型的多系统数据融合测量方法，满足了 FAST 的大尺度、高精度、高动态及全天候的要求，有效保障了 FAST 在贵州苛刻气候条件下的全天候工作。

◎ **开环闭环·二级控制**

与测量系统相同，FAST 控制系统的研发过程也步履维艰。FAST 反射面从球面到抛物面的连续变位及面形精度控制是一个复杂的大规模、强耦合、多节点同步联动控制过程，涉及反射面 2000 多个节点位置数据的分析、计算、通信和面形控制精度，同时需要分析面形变化对反射面整体结构应力的影响，确保结构安全。为实现这样一个大规模、多节点耦合系统的变位控制，团队开发了一种可绕开面形实时测量的基于力学仿真技术的反射面精度控制开环系统。

大脑充电站：闭环与开环控制

闭环控制系统指控制系统输出量的一部分或全部，通过一定方法和装置反送回系统的输入端，然后将反馈信息与原输入信息进行比较，再将比较的结果施加于系统进行控制，避免系统偏离预定目标。开环控制是指无反馈信息的系统控制方式。当操作者启动系统，使之进入运行状态后，系统将操作者的指令一次性输向受控对象。此后，操作者对受控对象的变化便不能做进一步控制。二者的明显区别在于是否有反馈环节。

相较于闭环控制系统，开环控制系统无反馈环节。但是，开环控制系统能保证精度要求吗？如果把控制系统比拟为体育运动，闭环控制系统就像冰壶运动，球员抛出石壶后要在赛道上根据需要反复摩擦冰面以修正球的运行轨迹和速度；开环控制系统就像篮球运动，篮球出手后，球员不需要也不可能对球再进行干预。即使篮球运动员技术再高超，难道能保证每次都命中吗？科学家的答案是可以的，但需要换一名由算法控制的机器人运动员。

团队创新性地利用力学仿真技术，发明了适用于 FAST 特殊工作方式的反射面高精度控制系统。该系统整体可以分为数据库和软件算法两部分：数据库保存了反射面保持基准球面时的面形数据、各个不同指向和离散温度下的目标抛物面面形数据、各目标抛物面顶点的二维拓扑信息；插值区域快速搜索和插值算法是本系统另一核心内容，在球面域构建目标抛物面的拓扑关系表，每 6 个相邻目标抛物面顶点构成一个球面三角形插值域，便于插值域搜索的快速完成。插值计算分为两步进行，先进行空间二维插值，然后进行温度域一维插值。完成插值域搜索和插值计算所需的时间约 50 ms，满足反射面控制系统所需的不超过 500 ms 的要求。基于力学仿真技术的反射面精度控制系统的控制精度达到 3 毫米左右，有效保证了反射面变位的控制精度。

开环控制方案如同在机器人运动员的程序里输入了海量的人类篮球高手投篮的力量、角度、距离、环境等数据，再根据球场上实时的角度、距离、环境等参数，从数据库中迅速插值获取到适配的投篮力量后发出指令，那么这位机器人神投手将会百发百中。篮球入网，射电波入舱，万无一失。

相较于反射面控制系统，馈源支撑系统由于其索驱动和馈源舱是两个无刚性连接的独立单元，同样需要为其开发独特的控制方案。为了实现馈源舱在空中的大范围移动和精确定位，团队将馈源支撑控制方案设计为二级：

第一级控制，由 6 座支撑塔、6 根并联的大跨度钢索和位于每座塔底部的钢索卷扬机构实现。通过卷扬机调整每根钢索的长度，馈源舱得以在 140 米的空中、直径 206 米的焦面范围内调整位置和姿态。

第二级控制，通过 AB 轴机构辅助调整接收机姿态，使得馈源指向瞬时抛物面中心方向。考虑到大跨度的悬索的低刚度和低阻尼特性以及环境风扰动的存在，由索牵引的馈源舱运动精度无法得到保证。Stewart 并联机构进一步调整馈源接收机的位置与姿态，实时补偿剩余的馈源相位中心定位误差，确保馈源接收机可高

精度定位在焦点附近，接收射电源信号。

除了基于力学仿真技术和开环控制方案的反射面控制系统，二级控制的馈源支撑控制系统，FAST 整体控制系统还需要一位总指挥——总控系统。

作为观测计划的执行者，各子系统工作的调度者，FAST 总控系统主要任务是将观测任务参数和指令发送给各子系统，协调反射面、馈源支撑及接收机等运行，监测各部件运行状态，排除故障，收集记录运行数据，并提供统一的时间标准。FAST 是一个巨型的光机电一体化的复杂系统，其空间结构庞大，各组成构件分布于跨度数千米的喀斯特洼地中；反射面瞬时主动变形、连续变位工作模式与馈源支撑系统多级定位方案成倍增加了系统的控制量。因此，总控系统的高效可靠不可或缺。

团队在软硬件方面不断优化，采用子系统分散控制、集成管理的策略，确保各个子系统之间信息交换和传递的可靠性，设计了具备良好适应性与扩展能力的系统框架，开发了子系统交互时的任务优先级调度功能，设置了整个系统运行过程数据的记录功能，保障望远镜有条不紊、按计划、高效率地进行天文观测。

测量与控制是 FAST 工程的四大工艺系统之一，是实现 FAST 功能和性能的关键组成部分。FAST 的创新设计给测量与控制系统带来了巨大挑战，测量要求全天候、实时、高精度等；控制要求时间同步、保证柔性结构安全的同时实现高精度

· FAST 总控室 ·

运动。500 米口径的球冠反射面总面积约为 25 万平方米，相当于 30 个足球场。想象一下，FAST 的毫米级精度要求就如同在 30 个足球场里拨动一根绣花针，测量与控制差之毫厘，汇聚的电磁波就将与馈源接收机失之交臂。在没有先例可循的前提下，团队研发了一套独特的测量与控制方法，实现了全部既定目标。

　　FAST 各大子系统概况如前所述。天造地设般的喀斯特台址提供了放飞梦想的绝佳舞台，轻型索驱动馈源系统突破了传统射电望远镜的馈源舱与反射面刚性连接方式，主动反射面实现了大观测天区和主动跟踪功能，这些创新技术以及各大子系统说来仅是只言片语，无法尽述项目组人员及参与项目的国内外专家、学者、干部、群众呕心沥血的付出。每一项创新都是从大胆构想出发，通过一次次头脑风暴和实验验证，一次次大胆试错和攻坚克难，最后融聚成一个超乎所有人想象的大科学工程。FAST 工程不是一蹴而就的，FAST 这个概念也并非横空出世，要回顾 FAST 人漫长、艰苦而美妙的心路，让我们把时钟拨回 1994 年。

大脑保健操 **07**

1. 全站仪在测量工作中会受到什么影响?

2. 你能说出几种卫星导航系统在生活中的使用场景?

3. 开环控制系统的优势是什么?

第八章 智造·拼图

◎ 立项 · 奠基

随着各项创新技术的研发，课题组成员们心目中那个未来的大射电望远镜的模样也由蓝图中逐渐生长、变形、丰盈起来。与此同时，他们的诉求也随之悄然改变。

回想 1994 年，LT 计划刚被提出时，中国课题组的愿望只是站上国际舞台，争取把阵列望远镜落户中国。要知道，以当时的资金和技术实力，我们想要达成这个愿望实属不易。随着地质人踏进深山的第一步，课题组也在既无资金又无名分的条件下开始了长征。基于一年多对喀斯特地貌的初步踏勘结果，课题组人员信心倍增。1996 年，课题组在国际天文学联合会上推介时，给中国 LT 方案起了个贴切而巧妙的名字——KARST（Kilometer-square Area Radio Synthesis Telescope，平方公里面积射电综合孔径望远镜）。这个名字既和 LT 计划随后正式更名的 SKA 计划理念吻合，又与喀斯特地貌的英文（karst）名字恰好相同。KARST 方案诉求为：以贵州喀斯特洼地为依托，建设大口径小数量的阿雷西博型射电望远镜阵列。

大脑充电站：LT 与 SKA

1993 年，在国际无线电科学联合会（URSI）京都大会上，包括中国在内的 10 个国家的射电天文学家联合发起了新一代射电"大望远镜（LT）"倡议，筹划建造接收面积为 1 平方公里、工作在 0.2 ~ 5GHz 连续频率覆盖的巨型射电望远镜。LT 的科学目标是多方向的。从宇宙初始混沌、原星系与星系团、星系演化、暗物质与大尺度结构、不同类型 AGN 现象、星际介质与磁场、银河系与邻近星系的各类恒星天体，乃至太阳、行星与邻近空间灾变事件等观测研究，在深度空间通信以及探索地外理性生命方面，都有非此莫属的竞争能力。该计划于 1999 年更名为 SKA（Square Kliometre Array，平方公里阵列）。相比初期的 LT，SKA 在子天线数量和科学目标方面均有升级。

轻型索驱动馈源平台和主动反射面构想的提出，让课题组人员为之一振，一个极具野心的计划应运而生：在 KARST 方案基础上建造一座大口径射电望远镜作为先导单元。这个先导项目就是日后世人皆知的 FAST（Five-hundred-meter Aperture Spherical radio Telescope，500 米口径球面射电望远镜）。1998 年 3 月，课题组受邀参加英国皇家天文学会月会，FAST 完整概念在会上首次公之于世，引起广泛关注。特别值得一提的是，课题组科学家在一幅代表射电望远镜灵敏度发展的利文斯通曲线图中最高位置上标记了 FAST，并在空白处打上了这样一句话：从"Copy"到"Lead"需要"Great Leap"。诚然，中华民族一度发展落后，在很多科技领域不得不采取"copy"（复制、模仿）策略。但国家日渐强盛，我们的天文人如今有能力迈出这"great leap"（大跨越），达至"lead"（领先）地位。中国天文人，野心勃勃，雄心万丈！

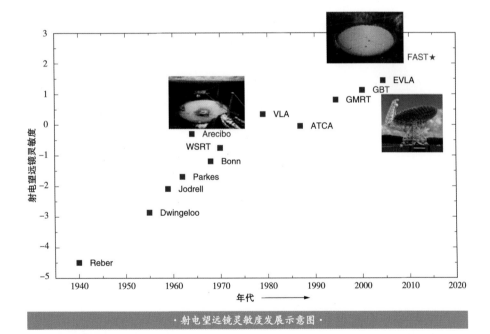

·射电望远镜灵敏度发展示意图·

课题组回国后，FAST 项目委员会正式成立。那句项目初期的目标口号逐渐演变为 FAST 精神：追赶、领先、跨越。这也暗合了 FAST 英文单词"快速、领先"

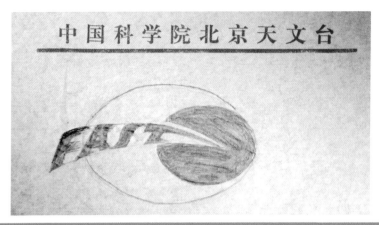

· FAST 徽标设计草图 ·

的含义。项目组成员有了极具归属感和荣耀感的名字——FAST 人。

FAST 人还为自己设计了极具美感和创意的徽标。图中的大圆圈代表 500 米口径球面，小圆代表 300 米瞬时抛物面，FAST 字母组成的形状代表正在被接收的射电波。

一项大科学工程最受公众瞩目的都是它建成后的功能和价值，少有人会关注研发人员经历的坎坷艰辛。如人饮水，冷暖自知。1994 ~ 1998 年间，课题组成员一直过着一穷二白的艰苦日子，兄弟单位、学校参与项目时也都是"自带干粮"，所有人都靠着那个深山洼地中尚显模糊的梦想支撑着一路走来。1998 年，FAST 概念的出炉赢得了国内外天文学领域的初步认可，项目组终于有了名分，盼望已久的资金支持随之而来。资金到位，预研究的立项通过论证获批，艰苦卓绝的预研究工作正式开启。

新千年来临，FAST 人大都成了四海为家的人。北京、贵州、西安、美国、德国、英国、荷兰，处处留下了他们忙碌的脚步；深山、实验室、会议室、天文台，满满激荡着他们的创想。预研究的道路充满变数，立项的历程同样坎坷。2000 年、2002 年、2004 年、2005 年，项目组屡次提交了 FAST 立项申请，但均未获批。一项耗资数亿元的大科学工程付诸实际不可能一蹴而就。那几年，项目组成员国内外到处宣传、游说，一度戏称自己在"拍全世界的马屁"。

FAST 人集合了各领域高科技人才，经过数年研发以及与国外天文学机构的交

·密云 FAST 缩尺模型·

流，各项预研究工作初见成效，迎来了实际建设前的一次小考。2005 年，FAST 缩尺模型 MyFAST（Miyun FAST）在北京密云观测站启动建设。集合了各项自主技术创新的 MyFAST 由 4 座（后改为 6 座）钢塔、30 米直径圈梁、索网、等比缩小版反射面单元和简易版馈源接收机构成。这个缩尺模型的英文缩写恰好意为"我的FAST"，承载了每个 FAST 人的责任和期望。2006 年 9 月 6 日，建设完成的 MyFAST进行了银河系中性氢的观测，并在国际上公布结果。MyFAST 的小考成功了，验证了整个项目关键结构和技术的可行性。

信心满满的 FAST 人带着 MyFAST 的成功经验争取 SKA 计划的一席之地。可在2006 年的 SKA 计划台址评估大会上，中国方案排名在南非、澳大利亚之后，没能顺利入选。但 FAST 人并没有沮丧，因为今非昔比，FAST 项目基于自主技术创新和国家支持已经具有很强的独立性、可行性并同时保留着与 SKA 计划合作的可能性。

最终，FAST 的先进概念和 FAST 人的执着，中国科学院的扶持，国内外天文学家和科学家两次审慎的评估，地方政府的支持，强大国家的背书，使得构想变为蓝图。

2006 年 8 月，中国科学院与贵州省人民政府签署 FAST 共建协议。11 月，立项评估筹备会于贵州召开。2007年7月10日，国家发改委原则批复FAST立项建议书，批复经费为6.27亿元。

立项后的FAST主要科学目标为对中性氢和脉冲星的搜寻研究，主要技术指标聚焦于望远镜可观测天区、灵敏度、工作效率、测量精度等方面。

FAST 总体设计指标

主动反射面	半径约300m，口径约500m，球冠张角110° ～ 120°
有效照明口径	$D_{ill}=300m$
焦比	0.46 ～ 0.47
天空覆盖	天顶角40°，跟踪4 ～ 6h
工作频率	70MHz ～ 3GHz
灵敏度（L波段）	天线有效面积与系统噪声温度之比 A/T 约 2000 m²/K 系统噪声温度 T 约 20K
偏振	全偏振（双圆或双线偏振），极化隔离度优于30dB
分辨率（L波段）	2.9′
多波束（L波段）	19个
观测换源时间	<10min
指向精度	8″

耗时 13 年、耗资 3000 万元的预研究工作倾注了中国天文人、科技人的无数心血。但 FAST 人没有停下来喘息的时间,立项成功那一天,就是工程进入建设阶段的起点。

　　2008 年 8 月 8 日,第 29 届夏季奥林匹克运动会于北京盛大召开,举国欢腾。与此同时,FAST 项目的可行性报告国内外评估、大窝凼台址详勘、土石方开挖预估等准备工作有序开展。9 月,FAST 工程经理部成立。10 月,国家发改委批复 FAST 可行性研究报告。2008 年 12 月 26 日,FAST 工程在大窝凼台址举行奠基仪式。

　　FAST 人开心地给基石培土,基石上镌刻着他们对祖国的深情和祝愿:"北筑鸟巢聚圣火,南修窝凼落星辰。"他们心中种下十多年的种子,即将从此刻生根发芽。

　　开工在即,如果把人类对未知的无限好奇、国际射电天文学发展的迫切需求、国力逐渐强盛视为"天时",大自然鬼斧神工造就的大窝凼视作"地利",那么 FAST 工程只待"人和"。专注学问的科学家们不仅要面临组织、实施大科学工

· 建设前的大窝凼台址 ·

程的挑战，还要与当地政府和人民配合做好一系列搬迁、安置、发展工作。面对父老乡亲，FAST 人要考虑的不仅是工程需要，也有人文关怀和未来规划。

FAST 项目组和当地政府联合制定了电磁波宁静区的方案和条例。具体规划为：以大窝凼台址为圆心、半径 5 千米的区域为核心区；半径 5 ~ 10 千米的环形地带为中间区；半径 10 ~ 30 千米的环形地带为边远区。管控最严格的核心区内，除保障射电望远镜正常运行需要外，禁止设置、使用无线电台（站），禁止建设、运行辐射无线电波的设施，禁止擅自携带手机、数码相机、平板电脑、智能穿戴设备、对讲机、无人机等无线电发射设备或者产生电磁辐射的电子产品。中间区和边远区也限定了无线电设备的工作功率。

整个宁静区内的搬迁与安置工作除了涉及几家工矿企业，主要是居民，当务之急则是妥善安置大窝凼的 12 户村民。项目组和当地政府的效率极高，工程奠基仪式前就深入大窝凼召开群众会议征求意见，制定搬迁安置方案。2009 年 2 月 10 日，位于克度镇上的安置房动工建设，6 月 15 日完工。11 月 13 ~ 20 日，仅用一周时间，12 户村民完成搬迁工作。

对于村民来说，搬迁无疑是天翻地覆的巨变。居住环境大大升级，木瓦房变成了三层混凝土楼房；在克度镇上生活，日常衣食住行都方便很多；上学的孩子们也不用像以前一样披星戴月、翻山越岭。"三无""三不通"的日子一去不复返。迁居之日，村民们扶老携幼，搬运着全部家当缓缓从凼底走上山路，无不欢天喜地。

一路走来，FAST 人同 FAST 项目一并在不知不觉中成长、蜕变，由埋头研究理论的科学家变身为理论到实践、蓝图到工程、当下到未来、小我到大我通盘筹划的全能型栋梁之材。接下来考验他们的就是长达 5 年半的项目工程施工。台址开挖、详细设计、制造安装工作有条不紊地展开，各施工建设单位准备就绪，正式开工进入倒计时。

◎ 一波刚平·一波又起

漫长、艰难的预研究和立项工作终于结出果实，天时、地利、人和俱备，FAST 人和建设者们汇聚大窝凼，开启了圆梦之旅。技术创新成就了 FAST，但也正因此给 FAST 人带来了可预见与不可预见的各种困难。

首先，喀斯特台址的特殊地形给施工造成了极大难度。对于 FAST 这个前所未有的大科学工程，即使在平坦地形上施工也有一定难度，何况是险峻的峰丛洼地。运输车辆进出缓慢，大型施工设备无法进场，现场施工空间极其有限，坡地上施工存在隐患，效率与安全问题必须同等重视。

其次，FAST 人还要应对因实际地形或建材导致的迫不得已的软硬件技术变更。从蓝图到施工的过程中，必然会遇到实际情况不支持和不匹配的问题，工程师们既要时刻保持严谨的科学态度和敏锐的洞察力发现问题，也要发挥新的创造力改进计划方案，还要预判与解决因某个细节变更后的衍生问题。与预研究不同的是，工程一旦开工，既没有退路也没有充足的试错时间与频次，只能迎难而上，更快更好地解决问题。

最后，也最考验 FAST 人的是统筹问题。FAST 工程由 6 大系统构成：台址勘察与开挖、主动反射面、馈源支撑、测量与控制、接收机与终端、观测基地。6 大系统几乎要同时施工，从凼底到边坡，从地面到空中，从土石到机电，从制造、运输到安装、调试，同时施工的单位少则三五家多则二三十家，如何在有限的空间、紧迫的时间内安全、高效地协调各个系统和单位施工，是 FAST 人面临的巨大挑战。

FAST 人要克服体力、脑力、心力等多重压力，完成从纸上谈兵到真枪实弹，从运筹帷幄到身先士卒，从科学家到工程师的角色转变。蓝图上和电脑中的 FAST 随时可以推倒重来，但是从大窝凼动土那一天就没有退路。他们都明白，这条施工之路比起此前十多年的研究历程道阻且长，除了慎终如始、临深履薄，别无他途。FAST 人勇敢地站到了那个时空的节点：大窝凼，2011 年。

2011 年 3 月 25 日，台址开挖工程启动。

在相关单位对大窝凼台址再一次进行专项勘察和工程测绘后，工程正式启动。要破土，先修路。首要工作是将此前村民们开辟的那条由省道牛角出口到大窝凼南垭口的土路改建为公路，其次是修建从垭口到凼底约 3 千米的螺旋进场道路。

工程拉开序幕，看着熟悉的大窝凼在建设工人手下一天天改变了模样，FAST 人欣慰之余，却有些惴惴不安，只因台址开挖前一年，技术人员发现了一个"小小"的问题——索疲劳。

FAST 独特的反射面主动变形技术，给索网结构中的钢索提出了超高的耐疲劳

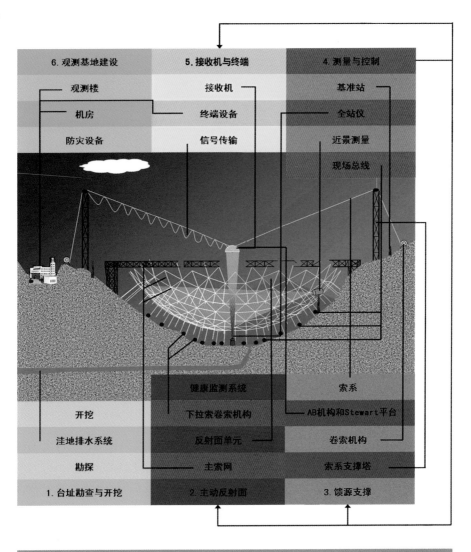

6. 观测基地建设　　5. 接收机与终端　　4. 测量与控制

观测楼　　　　接收机　　　　基准站

机房　　　　终端设备　　　　全站仪

防灾设备　　　信号传输　　　近景测量

现场总线

健康监测系统　　　索系

开挖　　　　下拉索卷索机构　　AB机构和Stewart平台

洼地排水系统　　　反射面单元　　　卷索机构

勘探　　　　主索网　　　　索系支撑塔

1. 台址勘查与开挖　　2. 主动反射面　　3. 馈源支撑

· FAST 构成图 ·

性能要求，团队根据 FAST 的科学目标和设计寿命，并结合其他射电望远镜的运行经验，对 FAST 索网结构的疲劳问题进行了评估，最终确定了钢索的抗疲劳性能指标为：在 500MPa 应力幅下，须承受 200 万次应力循环而不断裂或破坏。

该指标是相关标准规定值的两倍多，远远超出了现有成熟产品的范围。钢索性能不达标，意味着 FAST 关键技术——主动反射面变形技术无法实现，也就导致一个没人愿意承认的可怕结论：FAST 工程不成立！这个"小小"的问题不解决将前功尽弃。

FAST 人遭遇了自项目构想以来的最大一次技术危机。那段日子里，团队核心成员们忧心忡忡，承受着巨大的心理压力。每每从垭口俯瞰着洼地上各处辛勤工作的工人，望着凼底那一排消失的村民祖屋，看着身边的团队成员各自忙碌的身影，他们知道无路可退，甚至发出"这事干不成就从最高的那座峰上跳下去"的狠话。

后无退路，前进无路，索性自己开辟一条新路。没有合格成品就只能自己研发，不仅要成功，还要争分夺秒不耽误工期。除了必胜的攻坚决心，FAST 人还需要脚踏实地的方法。团队成员与相关钢索生产企业和高校研究机构展开了大规模的索疲劳实验。技术攻关没有捷径，需要顶住巨大的压力，发动智慧、细心和耐心。

钢索研发之路从最基本的单元——单丝母材开始。通过试验，单丝母材的疲劳性能高于 FAST 索网的使用要求，并留有 100MPa 左右的余量，这证明高疲劳性能钢索研制工作具备可行性。

然而接下来，单股绞线的试验却失败了。研究人员发现，问题出在钢绞线单丝之间的摩擦腐蚀显著降低其疲劳性能，只有合理选择涂层类型才能提高疲劳性能。多次试验证明，环氧涂层能较好地隔离单丝之间的接触，其耐磨性能更优，且不会降低钢丝强度，故能有效缓解摩擦腐蚀效应。

单股钢绞线通过了疲劳实验验证，且预留 50MPa 余量。但整索结构的研制工作仍然面临挑战，尤其是锚固技术的研制。研究人员对传统挤压锚固技术做了改进，并在整索结构加工完成后，进行 80% 极限载荷的预张拉，保证钢丝之间受力的均匀性。

单丝测试，绞线测试，整索测试，多索测试，模拟节点盘测试……"断了……断了……又断了……"耳中反复收到的信息没有打垮 FAST 人。

2012 年，耗时两年的技术攻关、无数次实验和上百次的失败后，能够在 500MPa 超高应力幅下承受 200 万次疲劳加载、性能达到目前相关标准规范规定值 2.5 倍的新型钢索研制成型。团队成员们如过五关斩六将一般解决了 FAST 工程一次最大的技术风险。

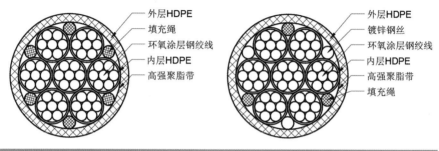

外层HDPE
填充绳
环氧涂层钢绞线
内层HDPE
高强聚脂带

外层HDPE
镀锌钢丝
环氧涂层钢绞线
内层HDPE
高强聚脂带
填充绳

· 钢索剖面的两种形式 ·

与索疲劳类似，光缆疲劳问题引发了另一次技术危机。普通工程的光缆大多埋于地下，如阿雷西博射电望远镜那样的光缆固定悬于空中，可是 FAST 设计的用来传输信息的光缆既暴露于野外、悬于空中，还被设计为窗帘式的动态悬挂形式，这又带来了耐疲劳和耐候性的考验。有了钢索研发成功的鼓励，历经 4 年的艰难技术攻关和无数次试验，FAST 专有的大芯数（48 芯）、超稳定、弯曲可动光缆研制成功，具有了 10 万次的弯曲疲劳寿命，满足了运动工况下的光纤附加衰减值小于 0.05 分贝的指标要求。

有了满足性能要求的材料，FAST 索网结构和馈源支撑系统得以顺利进入部件制造阶段。这几年的艰难经历对团队成员弥足珍贵，在科学和工程方面意义重大：超高耐疲劳性能的特种钢索成为新的行业标准；首创恒温室毫米级索长调节装置及方法，达到索长精度 ±1 毫米，相对于行业标准（15 毫米）是量级的提升；超高耐疲劳性能的钢索在摩天轮辐射索、体育场馆及航空母舰弹射索等特种领域中有良好的应用前景；建立了高精度索结构生产体系，推动了我国索结构工业由粗放式管理向精细化管理的转变，使我国的钢索结构生产制造水平得到巨大提升；FAST 动光缆技术指标达到国际领先水平，提升了国内的光缆制造能力，可应用于光纤频繁弯曲的场合。

通过多次技术危机的历练，FAST 人在技术能力、团队协作、心理素质等方面都有了质的飞跃。不知不觉中，FAST 不断被重塑，FAST 人也不断蜕变。独当一面的天文学家、物理学家、工程学家、机电专家、软件专家都在合作攻关中学以致用、触类旁通，逐渐变身为集学术、工程、制造、管理于一身的综合人才。他们不仅是 FAST 工程的财富，也是未来各行各业的国之栋梁。敢为人先、勇于担当，他们完美地诠释了 FAST 人的"跨越"精神。大胆创新、见招拆招，天大的困难也难不倒 FAST 人。

索疲劳技术攻关如履薄冰的同时，大窝凼现场开挖施工正如火如荼。考验技术人员的是智慧和耐心，而施工人员则要面对艰苦的工作环境。由于洼地的特殊地形，大型工程设备无法进场，工人们只能使用小型机械设备甚至半人工、纯人工方法完成难度超大的基建任务。施工单位进驻大窝凼后，要根据测绘图纸自上而下进行洼地的整形工作，工人们要对坡地边挖、边填、边治理、边加固。圈梁和支撑塔的基础挖建工作尤为困难，工人们不得不采用人工方式在边坡上挖出三四十米深的孔桩。除了克服施工环境造成的困难，工人们还要保证各种设备基础的建造精度。1 座馈源舱停靠平台，6 座支撑塔，23 座基墩，50 座格构柱，2225 个促动器，所有大大小小装置的基础都要符合项目设计精度要求。

2012 年 12 月，台址开挖工程完工，历时 22 个月。

台基和边坡修整、各种基础建设、落水洞的加固和地下排水渠道的修建完工并通过工程验收，技术攻关和基础施工同时告竣。舞台已经搭好，等待 FAST 主体工程施工单位进场。

◎ 步步为营·翩若惊鸿

首先开工的主体工程是圈梁和格构柱。圈梁结构不复杂，但是因为特殊地形而增加了施工难度。按照常规施工方法，工人先在地基上搭建格构柱，通过大型起重设备将安装好的一段段桁架结构钢梁吊装即可，可在 500 米直径的环形边坡上，大型起重机无法自由移动。团队采用了一个类似搭积木的方法——滑移顶推，巧妙地解决了这个难题。工人们先在圈梁拼装场附近的两个格构柱之间吊装好一段圈梁，作为初始分块，然后初始分块作为滑轨通道，将第二段圈梁（滑移

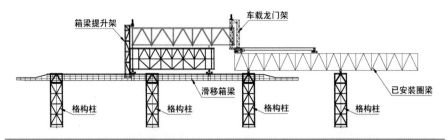

箱梁提升架　　　　　　车载龙门架

格构柱　　　格构柱　　　滑移箱梁　　　格构柱　　　格构柱　　　已安装圈梁

·滑移箱梁系统及安装示意图·

分块），按"径向滑移—圆周滑移—径向滑移"的步骤，从拼装场地滑移到下一个格构柱上安装，以此类推完成整个圈梁的安装。与传统滑移技术相比，该方案有效减少临时承载钢梁和滑移轨道等辅助材料的用量，节约了成本。FAST 工匠的创意不仅没有耽误工期，还因该项技术获得国家发明专利，使这种构建方式推而广之，应用于各种施工领域，并被写入了国家工法。

2013 年 4 月～12 月，圈梁与格构柱制造与施工完成，历时 8 个月。

圈梁合龙那一天，所有 FAST 人都振奋异常，毕竟这是整个工程施工的第一个重要节点。团队中的老科学家甚至登上圈梁，在内部的施工维修通道上，开心地小跑起来。圈梁上传出铿锵有力的脚步声，FAST 工程也如奔跑的 FAST 人一样，一步一个脚印地奋力前行。

2013 年 5 月～2014 年 10 月，测量基墩施工完成，历时 17 个月。

2014 年 3 月～11 月，馈源支撑塔制造与安装完成，历时 8 个月。

2014 年 4 月～2015 年 8 月，现场布线设计、施工完成，历时 16 个月。

支撑塔的安装遇到了和圈梁类似的困难——大型施工机械难以展开。此外，由于支撑塔构件数量多，单重较大，且连接形式多样，安装施工过程中塔材的垂直运输量大且安装过程对构件姿态调整要求高，使施工难上加难。所以在构件垂直运输和施工作业面问题上，支撑塔安装施工采用履带吊车和传统扒杆两种方案分别解决：对塔体高度 40 米以下部分采用吊车进行塔材安装，40 米以上部分采用传统扒杆和卷扬机的吊装方法进行施工。工人们将一根根钢材进行高空拼装时，尤显危险和辛苦。每座支撑塔完工时，FAST 人都会坚持第一个登上塔顶，俯瞰着一天一个样的工地，感受着 FAST 的成长。

FAST 的"骨骼"在峰丛洼地间一步步耸立起来，FAST 人在其上奔跑、俯瞰，生出一种难以言喻、无法割舍的深厚情感。这个出世在即的孩子，是老中青三代

·馈源支撑塔安装·

中国天文人、科技人亲手孕育的，承载着他们及无数国人的梦想。回首构想诞生的 1994 年至此，他们已经走过了二十个春秋。初出茅庐的人成长为得力干将，风华正茂的人历练为中流砥柱，哪怕是已近古稀之人也仍然老骥伏枥。如果我们身处 FAST 工程现场，走进 FAST 人中间，定能真切体会到他们付出的难以想象的努力。我们会发现，他们根本没时间闲聊，因为总在拿着图纸或仪器疾步而行；他们的一日三餐很难定时，睡个踏实觉实属难得；他们不注重仪表，因为长年戴着安全帽、穿着工作服。他们呕心沥血，付出劳累和病痛的代价对于个人追求、团队使命和国家梦想都是值得的；他们步步为营，既要与时间赛跑，又要保证每个子系统工程质量的坚实可靠。在他们手中和眼中，FAST 基础轮廓一天天扎根、生长、成形。

圈梁、支撑塔、基墩等外围基建工程均已完工，FAST 工程进入两项关键环节：反射面和索驱动工程。

2014 年 7 月～2015 年 2 月，索网制造与安装完工，历时 7 个月。

FAST 索网结构跨度 500 米，共有 6670 根主索，2225 根下拉索，2225 个主索节点盘，安装精度要求很高。索网距离地面从 4 米至 60 米不等，部分场地坡度极陡，场地条件的限制使得索网的施工无法采用传统方式搭设支撑塔架，使用吊装设备。作为世界上跨度最大、精度最高的索网结构，且安装场地地形复杂，索网的现场安装工作也是横亘在项目组面前的难题。

FAST 团队根据索网结构特点，充分利用已建成结构，制定了巧妙的索网安装方案，并通过有限元分析方法，对施工过程进行了模拟分析，以保证施工过程中索网结构的安全。具体施工方案如下：

根据面索网的对称性，索网结构划分为 5+1 个区域施工，其中 5 个区分为 A 区、B 区、C 区、D 区和 E 区。五个区成 72 度旋转对称，在索网施工时对称同步施工。+1 区为 F 区，即靠近馈源舱附近直径 80 米范围，施工时采用支架散拼。

F 区的面索和下拉索采用支撑胎架安装，然后在直径 80 米的圆周上对称为五个区设置独立塔架，并在圈梁上设置可移动式台车、龙门吊、猫道和施工索道等。五个区面索、下拉索采用塔式吊机垂直运输到圈梁顶部的运索小车，由其沿圈梁运输到五区对称轴位置的猫道索上方，通过设在圈梁顶部的龙门吊，单件下放到猫道上方的溜索索道，由其溜滑到下端。通过尾部接长工艺和牵引工艺安装面索和下拉索。首先安装对称轴位置的拉索，然后对称向两侧扩展施工。面索和下拉索安装完成后，促动器通过预紧张拉下拉索。

经过 7 个月的奋战，500 米超大跨度、毫米级超高精度的大型索网工程成功合龙。"大网兜"已经挂好，只等下一步——在网格里拼图。

2014 年 10 月～2015 年 5 月，轻型索制造与安装完工，历时 7 个月。

与索网安装几乎同时开工，也同样耗时半年多的是索驱动工程。索驱动系统包括塔底的机房、导向滑轮、塔顶的导向滑轮、6 索以及索上的电缆光缆和窗帘机构。这里面施工难度最大的是 6 根钢索。长 600 米的钢索，上面还要悬挂电缆和光缆，又没有大型吊装设备，如何完成高差近 300 米的吊装，而且还不能与正在安装的索网发生触碰，又是个难题。最后经过测算，采用 Ø28 尼龙绳牵引 Ø26 工艺钢丝绳，Ø26 工艺钢丝绳牵引 Ø46 钢索的递进方式，并通过控制钢丝绳张力来

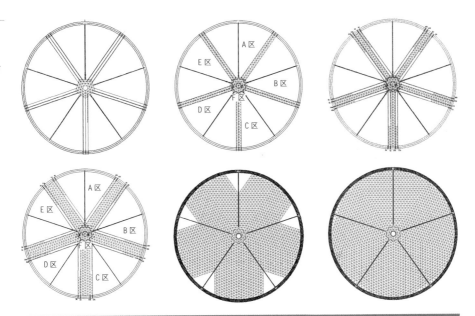

· FAST 索网安装进程示意图 ·

· FAST 索网施工 ·

减小钢丝绳的垂度，将钢索避开索网，从凼底中心处经支撑塔顶滑轮拉至塔底滑轮，最后连接卷索机构。

圈梁和支撑塔为骨，六根长索和数千根反射面主索为筋，FAST 这个大科学重器的规模已粗略显露。那一座座格构柱、塔基、基墩似乎生长在大窝凼的土地上，一根根钢索充满着生命的张力，和鬼斧神工的峰丛洼地融为一体。夜幕降临时，这钢铁巨物和群山一同睡去；黎明时分，伴着 FAST 人和建设工人们忙碌的身影，FAST 也逐渐苏醒，伸展着筋骨，跃跃欲试。

大窝凼的金秋桂花飘香，FAST 工程打响最后一场重要战役。对 FAST 人来说，他们或许已经很难分清哪一场战役更为重要，哪一道障碍更难跨越。各项自主技术创新哪一个不是匪夷所思？每一次技术攻关哪一个不是如履薄冰？六大工艺系统哪一个不是复杂多变？施工现场哪一处不是艰险并存？他们已是身经百战的斗士，凭着共同的梦想，凭着智慧和勇气，凭着毅力和魄力，笃定地打开了面前的拼图板。

2015 年 8 月 ~ 2016 年 7 月，主动反射面吊装完工，历时 11 个月。

· 圈梁、索网和馈源支撑工程完工 ·

2015 年 11 月 21 日，馈源支撑系统首次升舱联调。

2015 年 10 月 ~ 2016 年 7 月，观测基地建筑完工，历时 9 个月。

反射面单元尺寸大、数量多、安装位置高、精度要求高，而且由于场地条件及下方索网的限制，使得吊装只能采用缆索式吊装。FAST 项目团队在圈梁设计时已统筹考虑了相关构件的安装方案，提前在圈梁上方安装了 70×45 的方钢轨道，用于缆索吊及运输反射面单元的转运小车行走，并考虑了相关荷载。反射面单元的安装方案充分利用了已建成的结构和工装，通过两台行走在圈梁轨道上的转运机车解决反射面单元的环向运输，通过在同样行走在圈梁轨道上的两台套半跨缆索吊与中心环梁（索网安装时建设的工装）上的随动小车之间架设的索道，配合专用吊具，解决反射面单元的径向运输，这样即可将反射面单元运输至反射面上的指定位置，最后由节点位置上的施工人员将反射面安装在索网节点盘上。

· 反射面单元吊装方案中的转运机车和缆索吊 ·

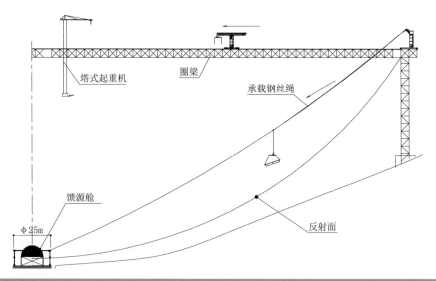

塔式起重机

圈梁

承载钢丝绳

馈源舱

Φ25m

反射面

· 反射面单元吊装方案原理图 ·

　　4450 块面板单元都要在现场组装，但是给工人留下的场地也只能容纳 10 块面板。每个反射面单元由 100 个三角形子单元和背架组装而成，和主索类似，因其所在位置不同也有不同的尺寸。起初的拼装、检测、吊装工作并不顺利，但工人们很快就掌握了其中的窍门，合理安排工序，找到了效率和精度的契合点，在有限的场地中，蚂蚁搬家似的组装出一块块合格的反射面单元。近一年的时间，FAST 反射面工程真如拼图玩具一样，一块块面板被拼装、吊装、嵌入直到逐渐铺满反射面。FAST 人也像玩拼图的孩子一样，满心欢喜地等待着最后一块面板嵌入的那一刻。

　　2016 年 7 月 3 日，大窝凼里一片肃静，在场的 FAST 人屏息凝神。工程经理、国家天文台台长发出指令，反射面最后一块面板缓缓被吊起。三角形的面板悬于半空，如同一只展翅的银色鸿雁，映衬于峰丛翠嶂之间；缆索吊启动，面板划过如银光闪闪湖面的反射面，翩若惊鸿；银鸟飞至湖心，与数千个单元面板融为一

· FAST 反射面吊装 ·

体。此时从空中俯瞰，FAST 犹如莽莽深山中的一只巨眼，沉静深邃；未来在科学家手中，将在天文观测时数千面板齐动，宛若游龙。FAST 主动反射面工程宣告完工。彩球升空，欢声四起，热泪盈眶。

FAST 六大系统工程进入收尾阶段，馈源舱、接收机、停靠平台、测量系统、控制软件、数据处理等研发制造工作陆续完成。自 2011 年开工起经过 2011 个日夜，FAST 迎来了重要的时间节点。

2016 年 9 月 25 日，FAST 落成庆典于大窝凼举行。

国内外天文学界权威人士、各级领导莅临观礼。国务院副总理宣读了中共中央总书记、国家主席、中央军委主席习近平发来的贺信：

500 米口径球面射电望远镜被誉为"中国天眼"，是具有我国自主知识产权、世界最大单口径、最灵敏的射电望远镜。它的落成启用，对我国在科学前沿实现重大原创突破、加快创新驱动发展具有重要意义。

中国天眼，横空出世！十年树木，百年树人，二十二年成一事。青丝变白发，壮年近古稀，每一个 FAST 人都奉献出了自己生命中最燃情的十年、二十年。每一个参与项目的研究者、建设者、管理者、普通人都因生命中与 FAST 的短暂交集而充满骄傲。

靡不有初，鲜克有终。从 1994 年那个"追赶"的朴素构想，到 2016 年"领先"的愿望实现，FAST 人用了 22 年完成了难以想象的"大跨越"。回首一项伟大事业时，我们往往只会记住某个重要时间节点。而对于亲身参与的 FAST 人来说，尘封于记忆中的磨难与曲折、痛苦与喜悦、冲动与感动、彷徨与坚持的时刻数不胜数。千帆过尽，梦想成真。

仰望着眼前的庞然大物，FAST 人铿锵而自豪地宣告："这个事，只有，中国人，能干好。"这句话绝不是中国天文人自负的口号，而是亲历者的肺腑之言。

这个时代是铸就伟大的先决条件。20 世纪末，在第三个天文时代开启后，射电天文飞速发展的背景下，背负近代中国屈辱历史和科技水平大大落后现状的天文人们知耻而后勇，敏锐而倔强地抓住了这个契机，凭着跻身国际一流天文学界的信念迈出了第一步。而跨越世纪之交的中国国力逐渐强盛以及国家对科学技术发展的迫切需要，让一项耗资十数亿元的大科学工程具备了可行性。

这方水土是放飞梦想的最佳舞台。"三无""三不通"的贵州喀斯特地貌反而成了天文人眼中天造地设的宝地。大窝凼洼地像一个近乎完美的眼眶，托住了

"中国天眼",也托起了 FAST 人的雄心。各项自主技术创新在此基础上依次诞生、变形、完善,并熔为一炉,最终铸就了国之重器。

这里的人民是工程的强大后盾。大窝凼淳朴的村民,黔南州平塘县敢于担当的工作人员,地方上甘愿奉献的科技工作者,工地上不怕辛劳与危险的建设者,各高校胸怀强国梦的科研人员,他们对待 FAST 有一个共同的态度——坚决支持,毫不犹疑。国家利益高于一切。

天时、地利、人和机缘凑泊,智慧、勇气、信念凝聚一身,"只有中国人能干好",此言不虚。五年半时间,百余位科学家,几十所大学和科研机构,两百多家生产建设企业,五千余名中国工匠共同展现了中国速度和中国智造。

节点绝非终点,FAST 落成之日即启程之时。中国人"能干好"也要"能用好",全世界的天文人、科学家等待 FAST 人交出自己的答卷。

大脑保健操 08

1. 对于 FAST 精神——"追赶、领先、跨越",你如何解读?

2. 如果你是 FAST 总工程师,如何统筹 6 大系统工程的施工顺序?

3. 为什么说 FAST 工程只有中国人能干好?

第九章 共为·共享

◎ 能用 · 好用

一项大科学工程绝非任何普通工程可比，从建成到启用之间，还需要复杂的调试工作。按照国际上同类大射电望远镜的以往经验，3～5 年的调试工作必不可少。何况各项技术创新在成就 FAST 的同时，也为其调试工作增加了新的难度。

FAST 人在调试工作中不仅要再次面对无先例可循的难题，还要和时间赛跑。"时间就是金钱"这句名言用在此时最为恰当。由于工程可预见的难度和一系列不可预见的变化，工程经费几经修改，最终决算经费由 2007 年国家发改委批复的 6.27 亿元增至 11.5 亿元。如果加上人员和运行维护成本粗略地算一笔账，FAST 设计寿命 30 年中的每一天价值数十万元。早一天运行，就意味着项目的巨大投入更有价值。

既要争分夺秒，又要同时满足望远镜的安全性、可靠性、灵敏度和高效率要求，简言之，FAST 的调试工作目标是：既"能用"，又"好用"，越快越好。正在紧要关头，FAST 主要发起者和奠基人因病离开，重任一下子落在了调试团队的中青年科技工作者肩头。似乎从项目构想那天起，FAST 人的字典里就没有"容易"二字。

FAST 调试的首要工作就是进行望远镜的功能调试（即能用），让望远镜系统正常运转起来，提高其运行可靠性，保证其有效观测时长。功能调试后，则要进行望远镜的性能调试（即好用），主要是提升望远镜的测量控制精度，提高天线效率、指向精度、降低系统噪声，最终实现望远镜的验收指标。

在 FAST 建设时的 6 大系统中，除了台址勘察与开挖和观测基地，馈源支撑、主动反射面、测量与控制、接收机与终端这 4 大工艺系统像四个方面军一样，在施工过程中各自为战、互不干扰，是效率最优的方案。可是到了调试运行阶段，需要它们输出合力的时候就产生了障碍，因为每个子系统都有自己的设计理念和实施方法。如同一个合唱团里的各个成员都说着不同的语言，要想唱出和谐而优美的和声，就要统一成一种语言，并在指挥家的指令下，协调节奏和音高。调试组蚂蚁啃骨头般通过一行行修改代码的方式默默地独自修改、整合几大系统的语言，完成了基础调试。

随后，调试组展开望远镜功能调试，经过 5 个月的奋战，各子系统实现了功能性整合。"中国天眼"终于"睁开眼了"！FAST"初光"（望远镜建成后首次进行的观测）观测目标选择了蟹状星云。1054 年，中国古人在史书上留下了蟹状星云超新星爆发的观测记录。千年之后，这个距离我们 6500 光年的天体，再一次等来了中国天眼的目光。

· FAST 调试现场 ·

2017 年 8 月 22 日，FAST 完成了第一次"漂移扫描"。漂移扫描被形容为"守株待兔"，也就是阿雷西博射电望远镜的工作模式：反射面固定不动，扫描固定的天区，依靠地球的自转，等待天体目标"自投罗网"。在 22 日和 25 日的两次观测中，FAST 成功捕获了两颗新的脉冲星。

紧接着，天眼的"眼球"也动起来了。2017 年 8 月 27 日，FAST 第一次完成了主动反射面和馈源支撑系统的协同动作，实现了对特定目标的跟踪，并通过前后两次分别耗时 10 分钟和 40 分钟的观测，稳定地捕获目标源的信号。这又是 FAST 具有纪念意义的一个时间节点，标志着望远镜功能调试的成功。

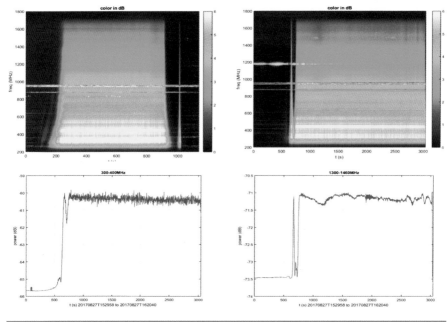

· 2017 年 8 月 27 日，FAST 首次实现对特定目标源的跟踪 ·

　　调试组在初期的功能调试完成后，目标就是 FAST 不仅"能用"，还要"好用"。FAST 预研究阶段依靠"创造"，施工中面对各种复杂难题时需要"智造"，调试过程中则赖于"精造"。"天眼"进入"视力矫正"阶段——性能调试。

　　调试组在测量系统性能调试、主动反射面系统索网变位控制调试，以及馈源支撑控制系统调试各方面研发了 FAST 专属的创新技术方案，诸如前述的双靶互瞄测量、馈源舱多源数据融合测量、馈源舱二级控制、索网结构安全评估系统、基于力学仿真的反射面控制以及基于这些新理念新技术开发的全新望远镜测量控制系统等，都是在调试阶段做出的惊艳贡献。

　　经历了两年多紧张调试后，FAST 能够进行漂移、跟踪、扫描等多种观测模式，功能调试任务成功完成。性能调试方面，FAST 灵敏度已经达到 2000m²/K，系统噪声控制到 20K 以下，指向精度达到 10 角秒，所有关键的技术指标已经达到验收水平，于 2020 年 1 月通过了国家验收，并已经开始批量地发现脉冲星。同年，FAST 向我国天文学家开放。2021 年，FAST 向国际开放。

· 国家重大科技基础设施 500 米口径球面射电望远镜（FAST）国家验收会现场 ·

◎ 科学目标·宇宙心跳

　　1998 年 FAST 概念刚刚问世时，中国天文人曾经在利文斯通曲线图的最高处留下了虚拟的目标；20 年后，"矫正视力"的 FAST 无可争议地占据了这个高位。球面口径 500 米，瞬时抛物面照明口径 300 米，接收射电波频段 70 MHz ～ 3 GHz，观测天区覆盖赤纬（地球纬度在天球上的投影）–14.4° ～ 65.6°，静态、动态双工作模式，多目标同时扫描，19 波束和超宽带接收机，高精度动态测量控制系统，种种技术创新造就了 FAST 灵敏度与综合性能指标数倍于国际同类射电望远镜，"单口径球面射电望远镜之王"实至名归。射电天文学开创之初于 20 世纪 60 年代引发了"四大发现"，21 世纪的"中国天眼"究竟能做什么呢？

科学目标之一：脉冲星

自从 1967 年第一颗脉冲星被乔瑟琳·贝尔发现以来，天文学家、业余爱好者甚至中学生都加入了"猎星人"的行列。随着更多的脉冲星被发现，科学家们认识到这种新天体不仅数量巨大，而且种类也丰富。脉冲双星（一颗脉冲星和一颗中子星）、双脉冲星（两颗脉冲星）、毫秒脉冲星（自转周期为毫秒级）及带有卫星的脉冲星，其不同的结构和性质引起了科学家们巨大的兴趣。脉冲星发射的脉冲波束可以作为"宇宙灯塔"，急速、规律的旋转频率如同"宇宙心跳"，可以作为星际航行的"宇宙时钟"，所以科学家们需要更多的脉冲星样本，以建立一个更完备的宇宙坐标系——脉冲星计时阵。50年间，已有3000余颗各种类型的脉冲星被人类捕获。与脉冲星有关的研究成果已经斩获了两次诺贝尔奖。FAST运行之初责无旁贷地将探测脉冲星作为首要科学目标，期待以其高灵敏度、大天区和高效率，填补我国天文学的空白。

2017年9月25日，工程落成一周年的日子里，FAST科学团队公布了两段音频。

"嘟嘟——嘟嘟——""嘟呜嘟——嘟呜嘟——"

这是来自两颗杜鹃座47球状星团脉冲星的脉冲电波，被科学家放大并转换为音频信号展现出来。中国天文望远镜第一次发现了脉冲星，而且过程仅用了52.4秒，其信噪比高达5000。FAST团队科学家生动地形容这两段"宇宙心跳"：一段像小孩子的心跳，另一段则如成人心跳，短促而有力。

不难想见，以FAST的高效率和高灵敏度，再加上科学家团队优化软件系统，针对脉冲星的系统性产出顺理成章。至今FAST已发现超过740颗脉冲星，而科学家估算的银河系脉冲星总量为10万数量级，成千上万的新猎物等待被FAST收入囊中。除了猎捕数量，FAST因其高灵敏度还能探测更为暗弱的"年老脉冲星"，同时也能对已知脉冲星进行长期监测。

对于脉冲星的研究价值不仅限于完善宇宙坐标系，还存有更多可拓展的研究方向，以及发现未知的天体和天文现象。首先，脉冲星作为中子星的一种，是大质量恒星生命终结时产生超新星爆发的遗迹，其结构、成分、分布以及辐射特性对天体和宇宙的起源、演化的研究具有重要意义；其次，充足的脉冲星样本，可提供色散量给科学家构建银河系的电子密度模型；再次，针对脉冲星有别于地球环境的超高密度、超强磁场和引力场的物理特性，可以扩展在极端条件下的物理规律研究；最后，在探测脉冲星的同时，科学家利用脉冲双星的轨道收缩间接验证了广义相对论的引力波理论，并用脉冲星计时阵探测低频引力波以研究其

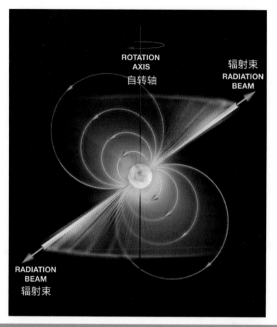

ROTATION
AXIS
自转轴

辐射束
RADIATION
BEAM

RADIATION
BEAM
辐射束

· 脉冲星示意图 ·

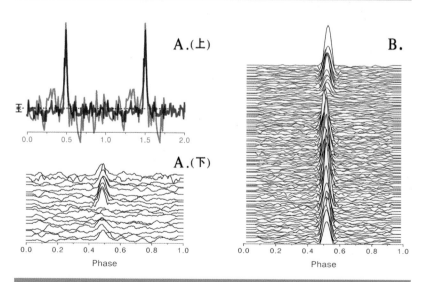

A.(上)

A.(下)

B.

· FAST 观测到的前两颗脉冲星的脉冲轮廓图 ·

产生机制。

我们眼中的星空是静谧、璀璨的，而"天眼"中的苍穹是灯塔闪烁的星际海洋，聆听宇宙心跳的音乐厅，探索未知的实验室，寻根溯源的迷宫。科学研究是严谨的、艰苦的、神秘的，也可以是浪漫的。

科学目标之二：中性氢

氢元素位居化学元素周期表之首，原子量最小、成分最简单，在宇宙中分布最广，占宇宙总质量的76%。氢元素存在形式多样，在地球上我们最熟悉的是单质态的氢气和化合物形态的水。而在广袤的宇宙中，氢元素多以其原子形态——中性氢存在。宇宙诞生之初，中性氢原子会产生射电辐射，随着恒星与星系的形成，大量的光子将中性氢原子电离，其辐射也消失。如此来看，中性氢的辐射电波可以被形容为宇宙的"第一缕曙光"。通过分析其性质、分布、红移量等数据可以研究宇宙早期物质结构和分布特点。中性氢辐射频率为1.42 GHz，波长21厘米，所以L波段（频段1～2 GHz）成为各国天文学家最为关注的观测目标。FAST在L波段采用了19波束的接收机，大大提升了巡天视场和效率，将发现更多、更远、更暗的中性氢星系。

通过中性氢21厘米谱线观测，天文学家可以确定这些中性氢云的距离，进而逐步完善宇宙间中性氢分布图。通过大量中性氢示踪的星系，可以测量这些星系的气体含量和暗物质质量，还能确定星系中普通物质和暗物质的比例。通过搜寻比例异常的星系可以找出特殊的星系，帮助我们更深入地理解星系的形成和演化。

天文学家关注的前沿课题可以归纳为一句口诀：一黑（黑洞）二暗（暗物质、暗能量）三起源（宇宙、天体、生命起源）。黑洞、暗物质和暗能量的性质、成分、特性研究几乎都与星系中性氢气体的运动规律息息相关。揭开它们的神秘面纱，也就向宇宙万物起源、演化的真相更近了一步。

科学目标之三：星际分子

作为20世纪60年代天文学四大发现之一，星际分子从最初的2种扩展到当今的180余种，其分布范围很广泛，而且多为有机分子。通过分子谱线，天文学家在星际介质中观测到分子中具备生命形成的基础物质——蛋白质组成的基本元素：碳、氢、氧、氮等。这就意味着，地球上生命诞生、演化的密码很有可能藏在浩瀚宇宙中的某个角落。此外，分子谱线还昭示了星际分子中有地球上不存在也无法合成的天然分子样品，有待科学家们进一步探究其性质和来源。

FAST 以其较大天区和超高灵敏度，将会搜寻到更多的分子云，获取更多的分子谱线，从而在天体物理学、分子天文学、星际化学多种前沿领域，天体演化、生命起源等重大课题上做出更多研究发现。

科学目标之四：甚长基线干涉

FAST 作为单口径球面射电望远镜之王，并不意味着只能单打独斗。甚长基线干涉阵已成为一种成熟的模式，FAST 构想的初衷也是加入 20 世纪末的 LT 计划。阵列式射电望远镜的优势在于分辨率，FAST 优势在于灵敏度，如果 FAST 作为阵列中的一员，即可两全其美：既能加强搜索暗弱天体的能力，又可以在后续研究中得到更精确的成像数据，从而获取目标天体的超精细结构。

科学目标之五：快速射电暴

快速射电暴（Fast Radio Burst, FRB），顾名思义，是一种来自银河系外的快速爆发释放射电波的天文现象。其爆发时长仅有几毫秒（人眨眼一次用时约 300 毫秒），但释放出的能量相当于太阳辐射一整天甚至更多。2007 年，澳大利亚帕克斯（Parkes）望远镜公布首例快速射电暴，其神秘的特性迅速引起全球天文学家的关注。此后，随着各国射电望远镜技术的升级，被发现的快速射电暴源的个数迅速增长到了近 500 例。2016 年，一类可以多次爆发的快速射电暴被重复探测到，科学家们对这个未知的天文现象更加好奇。

快速射电暴本不是 FAST 的设计科学目标，但 FAST 科学家时刻关注着射电天文学界的前沿课题。他们在 2019 年 5 月 20 日的 FAST 观测数据中发现存在重复的高色散脉冲，经过分析判定该脉冲来自一个新的快速射电暴，并将其命名为 FRB 20190520B，通过国外同行的验证并合作探测该快速射电暴的宿主星系。2022 年 6 月 9 日，该成果发表于国际学术期刊《自然》杂志。

FRB 20190520B 性格相当活泼，在其窗口期内爆发频率很高，是重复快速射电暴家族中极为珍贵的研究样本。通过几年来对它的跟踪观测，不但能找到它的"家"（宿主星系），逐渐了解它的前世（起源），还发现了它发出的射电波穿过星际时呈现有别于经典色散分析方法的特征（色散值超高）。相信在未来的研究过程中，FRB 20190520B 以及它更多的小伙伴能给我们的科学家带来更多的惊喜。

科学目标之六：地外文明

"我们是谁？从哪里来？到哪里去？"人类与生俱来的好奇心引领我们在探索这些终极问题的路上步履不停。几千年来，天文学首先关注于一个相对简单的问题：我们身在何处？在漫长的第一个天文时代，人类认识到居住的家园是一个球体；在第二个天文时代，人类逐渐看清了太阳系的形貌，发现地球并不是宇宙中心；在第三个天文时代，人类看得更清晰、更悠远，认识到我们身处广袤宇宙中极其渺小的角落。据科学家估算，宇宙的可观测直径约为 930 亿光年，如银河系一样的星系至少有数千亿个，银河系中的恒星多达数千亿个……由此，人类必然要提出另一个问题：我们孤独吗？

哲学家、科学家、文学家、艺术家都无可避免地针对是否存在地外文明这个谜一样的问题提出自己的猜想或假说，形成了正反两方截然不同的观点。

正方观点："平庸原理"认为地球只是位于普通的棒旋星系非异常区域内的一个普通的行星系统中的一颗普通岩石行星，因此整个宇宙中必定充斥着其他复杂生命。地球不是太阳系的中心，太阳系也不是银河系的中心，仅在银河系内与地球类似的行星不可胜计，适宜高级智慧生命诞生、生存、演化的行星必然存在。美国天文学家法兰克·德雷克于 20 世纪 60 年代在绿岸镇曾提出一条用来推测"可

大脑充电站：绿岸公式

$N = R^* \times F_p \times N_e \times F_l \times F_i \times F_c \times L$

N 代表银河系内可能与我们通信的文明数量；R^* 为银河系形成恒星的平均速率；F_p 为包含行星的恒星的比例；N_e 为每个行星系中类地行星数目；F_l 为有生命演化可居住行星的比例；F_i 为演化出高智生物的概率；F_c 为高智生命能够进行通信的概率；L 为科技文明寿命。

能与我们接触的银河系内外星球高智文明的数量"之公式（又称绿岸公式），但只是一种假想的理论，无法求解。正方结论：地外文明存在。

反方观点："地球殊异假说"认为地球上多细胞生物的形成需要不同寻常的天体物理及地质事件和环境的结合，如地球所在的拥有适宜复杂生命生存的行星的行星系统和星系区域是非常稀少的。言下之意，人类的居处虽然渺小，但人类的诞生是一个极其微小概率的事件。"费米悖论"为反方观点提供了备注说明：地外文明存在性的过高估计和缺少相关证据之间存在矛盾。简言之：如果地外文明很普遍，为何我们从没发现？反方结论：地外文明不存在。

与地球环境相似的星球是否一定会诞生生命和文明？地外文明真的存在，而且不止一个？地外文明存在或曾经存在，只是我们无法联系？地外文明或许已经联络过地球，只是我们无法感知？科幻电影和小说里的外星人是否会在未来的某一天突然出现在我们面前？地球会不会被外星人占领？解决众说纷纭的疑问的唯一途径就是探索。

射电天文学的蓬勃发展让探索成为可能，"搜寻地外文明计划（SETI）"应运而生。从 20 世纪 60 年代起，天文学家一方面利用射电望远镜接收从宇宙中传来

大脑充电站：阿雷西博信息
　　该信息从上到下依次为：
　　数字 1 ~ 10；
　　DNA 所包含的 5 种化学元素序号；
　　核苷酸的化学式；
　　DNA 分子的双螺旋结构；
　　人类的外形和人口数量；
　　太阳系成员的简单信息；
　　阿雷西博望远镜的口径和波长。

的电磁波，从中分析有规律的调制信号，希望借此发现外星文明；另一方面也向暗寂的宇宙深空发射信息，意图被潜在的地外文明收到。1974 年 11 月 16 日，为庆祝望远镜改造完成，阿雷西博天文台向距离地球 25000 光年的球状星团 M13 发送了一串由 1679 个二进制数字组成的信号，被称为 "阿雷西博信息"。

与 "我们是否孤独" 相比，"我们是否该联系外星人" 似乎争议更大。除了科学研究领域，众多的文学、影视、艺术作品中，好奇与恐惧始终困扰着全人类。但是，纵观漫长的人类文明史，好奇往往能战胜恐惧。如果没有智慧与勇气，人类不会去探索一望无际的海洋，也就无从获知地球的全貌；人类将永远惊惧于彗星、月食等异象，停留在天圆地方的认知层面；人类也不会发展出高科技文明，享受当下的便利生活，永远没机会飞到太空回望我们的家园。与其跟随我们渺小的星球在宇宙中流浪，倒不如大胆地去星辰大海中远航。作为当今世界单口径射电望远镜的领军者，FAST 也将扮演领航员的角色。探索边界，不惧未知。

FAST 以及射电天文学乃至整个天文学的科学目标大致分为已知和未知两个领域。在已知中寻找未知与在浩瀚宇宙中探索未知同等重要。科学家们的终极目标当然不只是发现和研究宇宙中的新天体和新天象，而是在其中找到规律，从而构建更接近本质的宇宙观。古人依靠裸眼仰望星空猜想着天体的模样，伽利略用光学望远镜看清了目力所不及的有限宇宙，射电天文学家通过射电望远镜把人类的视野延伸至数百亿光年以外，而当下与未来，在电磁波、引力波、高能粒子和中微子构成的多信使天文学时代，FAST 人和全球天文学家们必将用自己的新发现引领全人类对宇宙的认知革命。在了解 "FAST 能做什么" 之后，也就明白了 "为什么要做 FAST" 这一问题。

在上述几个重要科学目标的指引下，FAST 取得了世人瞩目的成果。2017 年，FAST 首次发现脉冲星。2018 年，FAST 发现了毫秒脉冲星和脉冲双星。2019 年，FAST 首创多科学目标巡天（CRAFTS）项目。9 月，FAST 多次观测到快速射电暴。2020 年 10 月，FAST 观测成果陆续发表于英国权威杂志《自然》，并因在快速射电暴方面的研究成果，入选《自然》官网公布的 2020 年十大科学发现。2021 年，FAST 建成高精度脉冲星计时阵、参与探测低频引力波。截至 2021 年底，FAST 至少探测到 5 次新的快速射电暴，超过 1000 个中性氢星系，逾 500 颗新脉冲星。仅在发现脉冲星领域上，以 FAST 表现出的工作效率，其发现的新脉冲星数量很快就将超过世界上其他射电望远镜的发现总和。显而易见，FAST 科学团队在未来 30 年的探索中必将引领国际天文学的前沿研究，新一代中国天文人的大量科研成果和科学新发现指日可待。

FAST 从构想到建成，从"能用"到"好用"，进入"早出成果、多出成果、出好成果、出大成果"阶段，改变了中国天文学长年落后的现状，一举将中国射电天文水平拉至世界领先地位。

自然科学方面，除了搜索和观测新天体、天文事件，FAST 的研究成果在现代物理学、化学、宇宙学、生命科学等诸多领域为全球科学界提供了新的研究样本、理论模型和创造新发现、新理论的可能。

技术、建材、工程方面，FAST 的技术创新给大科学工程提供了研发思路与产学研合作范式；在施工中为解决大尺度、高精度、耐疲劳、高效率、优化成本、统筹规划各种难题开发了技术、工艺、材料、结构、仪器、系统各方面的解决方案，为中国天线制造技术、并联机器人技术、大尺度结构工程、大范围高精度测量与控制等领域树立了研发样本。

人才培养方面，随着 FAST 破茧成蝶，FAST 人也在不经意之间完成了蜕变。FAST 从构想开始直至建成运行，不仅完成了老中青中国天文人的学术传承，集结了科学、技术、工程领域的高端科研人才，更在 22 年的艰苦历程与磨炼中，收获了一大批集理论、研发、建设、管理、运营于一身的综合型高级人才。从国家、社会层面来讲，人才培养的价值甚至超过了大科学工程本身。有国之栋梁在，才会有更多、更有价值的国之重器。

科普教育方面，FAST 无疑是个大舞台。以 FAST 观测基地为依托，原本与世隔绝的世外桃源变身为国际天文学研究中心，并在 FAST 人与当地各级政府的协作下，规划了天文科普基地和天文小镇，加强了与贵州省多所高校及中小学的合作，开发一系列天文学主题活动、课程，打造了大西南最大的科普教育资源。更令人期待的是，FAST 项目的科普目标规划并不是简单的单向输出，而是双向促进与反馈。21 世纪，在脉冲星发现者名单中曾出现了数位中学生的名字。他们都是通过对大型射电望远镜获取的观测数据加以分析，发现了新的脉冲星，并得到了科学家的认证。FAST 大量的观测数据给中国的青少年们提供了参与前沿科学研究的良机，在不远的将来，他们的名字也会书写在新科学发现的记录上。国之重器本就是为国之未来准备的。

国际合作方面，FAST 人从构想之初就和各国天文机构和科研团队保持着密切交流与合作。FAST 概念的成形与蜕变，项目预研究、工程建设、调试、运行每个环节，都离不开国际天文学家和机构的协助。一方面 FAST 对全世界天文学界开放观测申请，另一方面 FAST 也将参与诸如低频射电阵列等项目，"中国天眼"作为世界上最大单口径射电望远镜将发挥领军作用。

◎ **悲壮谢幕·另起一行**

说起中国天眼的国际合作，不得不着重提及地球上的"另一只眼"。

阿雷西博射电望远镜于 1963 年建成后，经过两次大型改造，在 50 多年中占据了这个星球上单口径射电望远镜"老大"的位置，曾被评为"20 世纪十大工程"之首，并在射电天文学领域贡献了若干项重大发现与研究成果。

FAST 与阿雷西博射电望远镜渊源颇深。FAST 概念创立之初对阿雷西博射电望远镜有很多借鉴与继承之处。FAST 团队多次造访阿雷西博天文台进行实地考察与交流学习，在项目建设、运行、管理方面获得了宝贵的经验。

FAST 经过建设、调试、运行后，在望远镜灵敏度上达到了阿雷西博射电望远镜的约 3 倍，在观测天区、跟踪观测、多波束接收机、工作效率、综合性能指标等方面均大大超越了阿雷西博射电望远镜，取代了对方几十年的"老大"地位。

但 FAST 人绝不会把奋斗目标停留在当"老大"，阿雷西博射电望远镜也不仅是一个被追赶的参照物，作为地球上的"两只眼"，协作共赢才是两国天文学家们的共同追求。两只"巨眼"分别位于东西半球，双眼合璧将会在昼夜间无缝衔接，共同跟踪同一天体目标，得到更完美的数据。

令人扼腕的是，2020 年 8 月，阿雷西博射电望远镜钢缆断裂，12 月，重约千吨的馈源舱和支撑平台坠落，反射面严重损毁，建成 57 年的阿雷西博射电望远镜悲壮谢幕。"中国天眼"如今成了"世界天眼"。深表遗憾之余，FAST 人也感到肩上的担子更重了。

FAST 有能力接过这支沉甸甸的接力棒，延续大射电望远镜为天文学发展曾经创下的辉煌，更有实力、有野心、有愿望在人类天文学史上另起一行，书写中国的名字。

FAST 无可争议地成为单口径射电望远镜之王，从地域、造价、望远镜发展模式各方面预估，也将是单口径射电望远镜的终结者。但天文人研发的脚步绝不会终结，FAST 人也不会止步不前，他们已经有自己的发展规划，主要着眼于硬件（如接收机）的升级迭代和射电望远镜应用领域新的研究和探索。

接收机：随着技术的发展，现在已经可以建造频率比 7：1，甚至 10：1 的超宽带接收机，将实现较低的噪声温度。这使 FAST 可以用较少的接收机实现完整的频率覆盖。这也意味着有可能将覆盖整个频段的几套接收机同时安装在馈源平

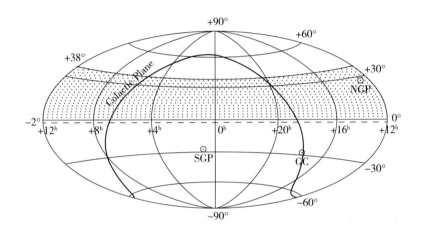

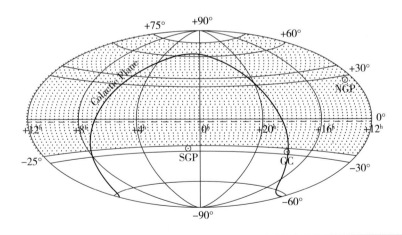

· FAST（下图）与阿雷西博射电望远镜（上图）覆盖天区对比 ·

·阿雷西博射电望远镜坍塌·

台上，以实现观测时频率切换。另一种发展方向是采用相位阵接收机，可以克服现有多波束接收机波束间空隙的缺点，通过数字波束合成形成多个波束，波束之间可以交叠，实现对观测天区的连续覆盖，提高观测效率。

　　单口径射电望远镜：由于地球重力的作用，在地表建造大型射电望远镜有一定物理极限。假设建造一座口径 2 千米的射电望远镜，抛开成本不谈，从台址方面看很难找到 2 千米以上的适配地形，而且保证不了将会超过 400 米高的馈源支撑塔的安全。所以，FAST 的 500 米口径几乎是单口径射电望远镜的实际极限量级。如果要建造更大口径的射电望远镜，只能把目标转向太空或月球。月球背面电磁环境优异，重力小，陨石坑形状匹配，而且月球上没有降雨不必考虑积水问题，也许未来的科学家能解决施工和维护的难题，建造一座地外大型射电望远镜。

　　射电望远镜阵列：要获得更大的接收面积，建造射电望远镜阵列是一个天文学家达成共识的努力方向。平方公里阵列（SKA）已经在澳大利亚和南非建成了两个先导阵列，其整体工程有望在 2030 年至 2040 年建成。中国也将基于现有的射电望远镜，以 FAST 为领军，建造自己的射电望远镜阵列。需要考验中国天文人的是规划模式的可行性和前瞻性，从望远镜阵列的口径、数量、成本、科学目标等诸多角度详细考量。

其他类型射电望远镜：除了球面和抛物面，天文学家们还在不同的面形（如抛物柱面）、不同的指向等方面寻求不同方案，作为目前既有射电望远镜的补充。

FAST 人雄心勃勃，旨在基于 FAST 更快、更多、更好地做出天文学发现的同时，发展中国自己的大科学装置群。在日新月异、发展迅速的第三个天文时代，中国天文人不仅迎头赶上，还冲到了最前沿。天文学的进步必将带动各基础科学与技术的发展，这从 FAST 项目的预研究、建设、调试、运行的历程可见一斑。FAST 人用 20 余年完成了从"追赶"到"领先"的"大跨越"，而他们最终要跨越的不仅仅是天文学领域硬件和软件的差距，更要跨越这个时代。

射电天文学家曾有这样形象的比喻：射电天文学诞生以来几十年间接收到的宇宙电磁波辐射能量，微弱到几乎翻不动一页书。FAST 建成后，将与全球更多的射电望远镜联起手来，争取把这一页旧纸翻过去，书写新的篇章。

◎ 地球村·共同体

2021 年 3 月 31 日，FAST 宣布向全球征集观测申请。全世界的天文学者和爱好者，不论国别、种族和所在机构、组织，都有权公平竞争 FAST 的观测时段。FAST 观测结果将于一年保护期之后对国际开放使用。这是国际天文学界的惯例和共识，也是 FAST 人、中国天文人的姿态，科学成果是全人类的共同财富。

FAST 人走过 20 余年的艰难历程，终于交出了完美的答卷，引起国内外媒体和民众的关注。他们被问及次数最多的问题恐怕就是"为什么要做 FAST"，FAST 科学家曾给出这样的答案："人类之所以脱颖而出，从低等的生命演化成现在这样，出现了文明，就是因为他有一种对未知探索的精神。"

人类为什么要仰望星空？人类智慧从何而来？人类为什么会诞生在地球？这些伴随整部人类历史的终极问题也许无从得知终极答案。但我们能确定的是，一代代人依靠智慧、勇气与好奇心都在努力迫近这些问题的真相，深刻地改变着我们的思想和生活，形塑了此时此地的我们。

纵览数百万年的文明发展历程，人类奋力跨越了时间轴上的一个个节点——石器时代、红铜时代、青铜时代、铁器时代、蒸汽时代、电气时代，来到了今天的信息时代。农业革命与工业革命改变了人类的生产生活方式和社会结构，科学技术革命则将生存与发展、人类与自然的问题置于全人类面前。人类视野从山的那边、海的那边、地球的另一边直至百亿光年以外，人类福祉前所未有地被捆绑在一起。

粮食安全、信息安全、资源短缺、气候变化、人口爆炸、环境污染、疾病流行等全球性问题，对人类生存构成了严峻挑战。不论我们身处何地、归属哪国、信仰为何，都身不由己处于一个命运共同体中，谁也无法独善其身。应对共同的危机，是全人类共同生存的基本条件。

生存与发展始终是人类面临的两大问题。与既往的时代不同，当下的空前全球化也将发展问题的立场从一个部落、一个种族、一个国家、一个地区升级为一个地球村。每个人都是地球村民，个人利益与全球利益不可分割。全人类同舟共济、互相依存、互相促进、共同发展，才能有所作为。

共同发展的成果，最终也将惠及全人类。科学无国界，科学成果也属于全世界。FAST 的观测数据属于观测者也属于天文学界，属于科学家也属于普通民众，也将产生新的发现引领天文学乃至整个人类自然科学的发展。

共生、共为、共享，是人类命运共同体生存与发展的不二之选。人类只有一个地球，是搭载我们在浩瀚宇宙中流浪的飞船。我们将飞向何处？能不能找到另一个居所？旅程中会不会偶遇不曾谋面的邻居？也许 FAST 和 FAST 人在未来可以给出答案。

大脑保健操 09

1. 你认为地外文明存在吗?

2. 快速射电暴为何引起天文学家关注?

3. 你能为中国射电望远镜发展规划提出自己的方案吗?

第十章 少年・未来

◎ 光年之外

除了了解工作原理和成长历程，想更真切认识 FAST，一定要走进贵州的莽莽群山。由平塘县 312 省道牛角门岗向西沿路而行约 3.5 千米后，从岔路口北望，高低有别、错落有致的建筑群映入眼帘。它有个科技感十足而又颇为诗意的名字——光年之外。

一池碧水映峰丛，世外桃源似梦境，天眼凝望光年外，远客忘返乐其中。光年之外酒店在复刻大窝凼原始民居的基础上，融合了舒适度与怀旧感，在这个神似大窝凼的峰丛洼地中，为参观 FAST 的游客准备了一处如梦似幻的新桃源。

和群山一同醒来时，我们与世外桃源作别，踏上真正探寻光年之外的科技之旅。沿公路继续西行不久，出下一个岔路口南行几百米即可抵达 FAST 园区。FAST

综合楼以其极具设计感的不规则造型卓然立于山间。这里是 FAST 的心脏，FAST 人们忙碌工作的地方。

　　与科学家们畅谈后，我们经过曲折的山间公路走向此行的终点——FAST。只有亲眼看到这个如科幻小说中才出现的钢筋铁骨的庞然大物，近距离观察那一座座高塔、一根根悬索、一块块面板，才能切实感受这一科学工程的伟大——人类凭着对未知的执着求索，一代代科学家的不懈努力，从裸眼发展到天眼，造就了能捕获百亿光年外微弱宇宙信息的大射电望远镜……晨雾升起，大窝凼如同仙境，FAST 似是深山中的巨目，静谧而坚定地遥望太空。这里凝聚着几代中国天文人的智慧与勇气，FAST 人 22 年的心血与坚持，建设者 2011 天的攻坚与克难，贵州百姓的奉献与支持，所有中国人的科技强国之梦，是我们引以为傲的大国重器。

· 光年之外酒店夜景 ·

· FAST 综合楼入口 ·

巨目出深山，

银光闪闪，

大窝凼里望苍天。

木屋草棚寻不见，

哪有炊烟？

故人二十年，

霜染鬓边，

呕心沥血铸天眼。

峰丛翠嶂今犹在，

换了新颜。

切近 FAST，通过科学家们的讲解，我们可以更直观地理解 FAST 的工作原理，深刻体会 FAST 人从构想、预研究一路走到建设、调试、运行的艰难。在这里，FAST 人也为天文学爱好者准备了集科技、旅游和科普于一体的认知与体验之旅，此行绝对不虚。

◎ 咫尺之间

如果暂时还没机会亲临 FAST 观测基地也不必遗憾，本书还为您提供了其他亲近 FAST 的方式——由中国青年出版总社有限公司联合贵州射电天文台、中国科技教育杂志社共同研发了反映国家重大科技成就的科学教育图书与科技模型套装。《巨目观天——中国天眼的故事》配合"500 米口径球面射电望远镜（FAST）——仿真动态模型（1 ：1250）"使用，全套模型共包括 112 块构件、12 部电机、人工智能编程模块，可仿真模拟 FAST 观测运行。

模型重点展现了 FAST 工程的三项自主创新：创新之一（喀斯特台址），模型参照大窝凼实地地形数据，制作了等比缩小的三维实景模型，如临其境；创新之二（索驱动馈源系统），复制了 6 索 6 塔的驱动支撑系统，利用人工智能编程模块模拟了馈源舱在空中定位和停靠等；创新之三（主动反射面），展现了圈梁和反射面的结构，在部分区域设计了下拉装置模拟反射面主动变形的工作模式。

衷心希望参与 FAST 主题课程的同学们在阅读本书的同时，亲手组装、操作

·500米口径球面射电望远镜（FAST）——仿真动态模型（1：1250）·

FAST 模型，了解中外天文学及射电天文学的发展历史，理解 FAST 的工作原理，体验自主技术创新的绝妙之处，感受 FAST 人和中国天文人、科技人的艰苦奋斗历程，收获多维度的科普知识，塑造更辽阔的宇宙观、世界观，更丰盈的人生观，更端正的价值观。

动手动脑于咫尺之间，探寻未知于光年之外，梦想的实现都将寄托于未来与少年。

中国天眼将满六岁，也如少年般朝气蓬勃。少年智则国智，少年强则国强，少年之眼借中国天眼而开阔，天眼与少年共赴探索未知宇宙之约，未来可期。多年后的某一天，我们的稚气少年中，有人会投身天文学事业，有人会现身于 FAST 新科学发现的名单，有人会服务于 FAST 观测基地，给更年轻的一代讲解宇宙的奥秘，讲述 FAST 与 FAST 人的故事。

大脑保健操 **10**

1. 报考大学时，你会选择天文学专业吗？

2. 如果让你提交 FAST 观测申请，科学目标会是什么？

3. 你会如何向家人、朋友讲述中国天眼的故事？

后记　请回答

金秋时节，层林尽染，大地的燥热逐渐隐去，此刻的星空也没有夏季般喧闹。晴朗秋夜下，飞马当空，银河斜挂。中国古代的美丽传说中，银河是牛郎织女难以跨越的天河；西方神话中，把银河想象为天上的神后喂养婴儿时流淌出来的乳汁形成，称作"Milky Way"。

今天的我们可以回答古人的疑问，银河只是恒星组成的银道带，和我们的居所一样，都是银河系的一部分。银河系的直径有十几万光年，约有 1000 亿至 4000 亿颗恒星。银河系的庞大已经超出普通人的感知，那么银河系之外还有什么？

中国科学院国家天文台团队利用中国天眼，对著名致密星系群"斯蒂芬五重星系"及周围天区的氢原子气体进行成像观测，发现一个尺度大约为 200 万光年的巨大原子气体系统，大小相当于银河系的 20 倍。这是迄今为止在宇宙中探测到的最大的原子气体系统，得益于中国天眼超高灵敏度带来的极端暗弱天体探测能力。该项天文重大发现预示着宇宙中可能存在更多这样大尺度的低密度原子气体结构，对天体起源研究具有重大意义。其成果论文于 2022 年 10 月发表于国际著名学术期刊《自然》。

天眼巨目不断告诉我们宇宙更多的细节，也意味着宇宙中存在更多的未知。今天，我们比屈原大夫、托勒密、伽利略等天文巨擘更了解宇宙，但未知的星辰大海仍然等待探索。射电天文学历史不足百年，整个天文学史不过几千年，相较于 137 亿年的宇宙年龄，人类的努力探索似乎微不足道。但正是居住于直径 0.003 光年的太阳系中一个普通行星上的人类，却将视界扩展到直径 930 亿光年的可观测宇宙。如此渺小，又如此伟大。

数千年前，中国古人对我们头顶这片天空提出了自己的解读方式，留下了无数文明瑰宝；数百年前，中国人对宇宙的理解方式停滞不前，沉睡不醒；20 多年前，几代中国天文人抓住机遇、奋起直追，在射电天文学领域完成了从追赶到领先的大跨越。回溯历史可以正视我们的过去，立足当下、奋力向前、用实际行动跨越巨大的差距及至引领一个时代，才是我们对祖先能做出的最有力回答。

FAST 人并没有因为一个时段、一个领域的暂时领先而沾沾自喜，他们要跨越的不仅有科技差距，还有人类认识宇宙的层级。在全球化日益加强的当下，生存与发展的主语已不是哪个国家、哪个地区、哪个民族，而是人类命运共同体。FAST 和未来更多个 FAST，以及遍布全球的大大小小的射电望远镜阵列，只有携起手来，才能看得更远、更清、更透彻。

好奇心让人类发现了未知，而勇气让人类打破了未知，一步步创造出今天的文明。构想一项大科学工程需要勇气，二十余年成一事需要勇气，2011天众志成城建设FAST需要勇气，克服恐惧、探索宇宙奥秘也需要莫大的勇气。有朝一日，我们也会充满勇气地向宇宙深处发出这样的信息：

　　这里是银河星系猎户臂—太阳系—行星地球—中国天眼观测基地，收到请回答！收到请回答！！收到请回答！！！

图书在版编目（CIP）数据

巨目观天：中国天眼的故事 / 姜鹏, 张燕波著. ﹣﹣北京：中国青年出版社，
2023.3

ISBN 978-7-5153-6826-9

Ⅰ. ①巨⋯ Ⅱ. ①姜⋯ ②张⋯ Ⅲ. ①射电望远镜—中国—青少年读物
Ⅳ. ① TN16-49

中国版本图书馆 CIP 数据核字（2022）第 208464 号

责任编辑：彭岩
出版发行：中国青年出版社
社　　址：北京市东城区东四十二条 21 号
网　　址：www.cyp.com.cn
邮　　箱：sxwh@cypg.cn
编辑中心：010－57350407
营销中心：010－57350370
经　　销：新华书店
印　　刷：北京中科印刷有限公司
规　　格：710×1000mm　1/16
印　　张：12
字　　数：210 千字
版　　次：2023 年 3 月北京第 1 版
印　　次：2023 年 3 月北京第 1 次印刷
定　　价：58.00 元

如有印装质量问题，请凭购书发票与质检部联系调换
联系电话：010－57350337